职业技能等级证书配套教材

"注塑模具模流分析及工艺调试"
职业技能等级证书

注塑模具模流分析及工艺调试（中级）

李瑞友　张　磊　主编

青岛海尔模具有限公司　　青岛海享学人力资源有限公司　　组织编写

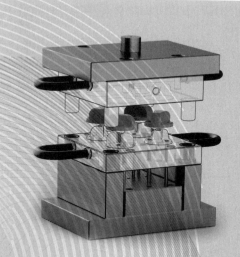

化学工业出版社
·北京·

内 容 简 介

本书按照《1+X注塑模具模流分析及工艺调试职业技能等级标准（中级）》编写，遵循专业与产业、职业岗位对接，课程内容与职业标准对接，教学过程与生产过程对接，学历证书与职业资格证书对接，职业教育与终身学习对接的编写原则。主要内容包括塑料制件工艺性分析，典型模具拆卸、组装及保养，注塑生产自动化，注塑设备工艺参数调试，塑件常见缺陷及检测，使用模流分析软件进行模流分析等。

本书为1+X"注塑模具模流分析及工艺调试"职业技能等级证书标准培训教材，也可作为中等职业院校、高等职业院校以及应用型本科院校相关专业的教材，还可作为企业员工培训用书。

图书在版编目（CIP）数据

注塑模具模流分析及工艺调试：中级/李瑞友，张磊主编；青岛海尔模具有限公司，青岛海享学人力资源有限公司组织编写. —北京：化学工业出版社，2022.11
1+X职业技能等级证书配套教材
ISBN 978-7-122-42188-3

Ⅰ.①注… Ⅱ.①李… ②张… ③青… ④青… Ⅲ.①注塑-塑料模具-计算机辅助设计-应用软件-职业技能-鉴定-教材 Ⅳ.①TQ320.66-39

中国版本图书馆CIP数据核字（2022）第174257号

责任编辑：潘新文　　　　　　　　　　　装帧设计：张　辉
责任校对：宋　玮

出版发行：化学工业出版社（北京市东城区青年湖南街13号　邮政编码100011）
印　　装：大厂聚鑫印刷有限责任公司
787mm×1092mm　1/16　印张12　插页1　字数220千字　2022年11月北京第1版第1次印刷

购书咨询：010-64518888　　　　　　　　售后服务：010-64518899
网　　址：http://www.cip.com.cn
凡购买本书，如有缺损质量问题，本社销售中心负责调换。

定　　价：54.00元

→ 序 1

　　模具被誉为"现代工业之母"，是材料成型的专用工艺装备，模具工业是产品制造业的基础，具有制品高精度、高复杂度、高一致性的技术特点，同时具有加工效率高、材料利用率高、生产成本低的经济性优势。普通消费者虽然平时感受不到模具的存在，但利用模具生产制造的产品却在人们的生活中随处可见，包括汽车、家电、电子、日用品等在内的大多数产品的零部件是通过模具成型，在航空航天、军工、医疗、新能源等制造领域，模具也起到重要作用。可以说，模具工业水平是衡量一个国家制造业水平的重要标志之一。进入二十一世纪以来，我国的模具产业高速发展，目前我国已成为世界模具第一大国。

　　模具自身也属于个性化定制产品，型腔结构随产品零件的不同而不同，其研制过程集计算机技术（CAD/CAM/CAE）、精密加工技术、智能控制技术、绿色制造技术等多种现代高新技术为一体，成为产品创新的重要工艺装备保障。

　　随着社会生产的发展和现代制造技术的不断进步，模具行业和企业对人才的需求也在不断变化，从早期模具装配钳工、数控操作工，到后来的加工编程工程师、设计工程师，新的工种、新的技术岗位不断涌现，一些在过去属于行业高端紧缺性的技能，如今已成为基本技术要求。

　　目前我国经济进入高质量发展阶段，用户对产品和模具的质量以及交付速度的要求越来越高，这对模具研制的前端设计预算能力和后端交付保障能力提出了更高要求，模具技术人员需要掌握最新的技术。注塑模具模流分析技术采用 CAE 分析软件对产品结构可成型性、模具浇注系统、温控系统进行有限元分析，设计较为合理的成型方案，预测成型缺陷并提前规避；工艺调试作为模具研制完工的验证手段，是整个设计制造链条的最后一个环节，对模具交付至关重要；工艺调试既要验证模具的设计、制造精度和质量，又要模拟用户的生产使用过程，是创造用户最佳体验的主战场。提升注塑模具模流分析和工艺调试方面的技术能力，是模具行业内企业的当务之急。

　　海尔智家积极参与 1+ X 试点工作，成功入选 1+ X 职业技能等级证书培训评价组织，联合企业、高校、行业组织，开发了"注塑模具模流分析及工艺调试"职业技能等级标准，并按照此标准，组织行业专家、学者、技术人员编写了本套标准培训教材。本套教材的问世，不仅代表"注塑模具模流分析及工艺调试"标准的试点工作进入新的阶段，而且也为行业院校教学、企业技术人员提升技术水平提供了标准培训教材，推动整个模具行业人才培养和培训体系化，解决模具行业相关人才的缺口问题。

　　海模智云作为卡奥斯旗下的模具工业互联网平台，通过打造数字化、物联智能解决方案赋能模具行业，提升我国模具行业的竞争力。在本系列教材组织开发过程中，众多企业高水平的专业技术人员积极参与，无偿提供教材宝贵经验和案例，并与高校教师和专家充分沟通交流，使得教材的理论性和实操性达到职业培训最佳平衡点，更贴近模具企业的实际，更好地为注塑模具行业技术技能人才培养服务。

　　伴随本系列教材的出版，希望越来越多的模具同行能够关注和支持 1+ X"注塑模具模流分析及工艺调试"证书试点工作，参与行业人才培养工作，帮助学生和企业员工掌握专业技能，为社会主义现代化国家建设贡献更大力量。

青岛海尔模具有限公司 董事长兼总经理
中国模具工业协会副会长　　　张磊

2022. 7. 18

→ 序 2

随着中国经济的快速发展，我国的职业教育进入了新的发展时期。职业教育作为教育的一部分，在国民教育体系和人力资源开发中都占有举足轻重的作用。大力发展职业教育是培养多样化人才、传承技术技能、促进就业创业的重要途径，是我国在经济全球化发展形势下实现经济快速可持续发展的必然选择。习近平总书记强调，要把职业教育摆在更加突出的位置，优化职业教育类型定位，增强职业教育适应性，加快构建现代化职业教育体系，培养更多高素质技术技能人才、能工巧匠、大国工匠，为促进经济社会发展和提高国家竞争力提供优质人才资源支撑。

在新时期我国制造业加速发展的社会背景下，深化职业教育改革，完善现代职业教育体系，提高人才培养质量，畅通技术技能人才成长通道，是职业教育人才培养与企业人才需求的共同目标。 2019 年国务院颁发的《国家职业教育改革实施方案》指出要构建职业教育国家标准，启动 1+ X 证书制度试点工作，促进产教融合校企"双元"育人，坚持知行合一、工学结合，推动校企全面加强深度合作，推动企业和社会力量举办高质量职业教育。

1+ X 证书制度是职教 20 条的重要改革部署，是落实立德树人根本任务、深化产教融合校企合作的一项重要举措。令人欣喜的是，众多掌握先进技术的优秀企业作为评价组织，参与到了职业教育 1+ X 制度的实施中，这对于职业院校创新人才培养和评价模式，深化教师、教材、教法改革，对接国际职业标准，提升我国技术技能人才培养的国际化水平具有重要意义。

模具工业是高新技术产业化的重要领域，模具的生产从以传统的师傅为主导的技艺型生产方式，进入到了数字化、信息化的智能制造时代，产业转型升级与企业技术创新对模具人才提出了新的要求，然而我国职业院校模具专业的发展相对缓慢，模具人才的培养已无法满足企业的用人需求，尤其是在新工艺、新技术和新设备方面，人才发展的速度跟不上行业发展速度。海尔智家集团作为 1+ X 评价组织，开发的"注塑模具模流分析及工艺调试"职业技能等级标准，充分体现了模具行业对人才技能需求，弥补了职业院校注塑模具课程教学标准与行业标准上的差距。

这本书作为 1+ X "注塑模具模流分析及工艺调试"职业技能等级标准配套教材，融入了注塑模具行业的新知识、新技术、新工艺以及新设备，该书基本涵盖了注塑产品成型全生命周期的各个岗位技能点和知识点，从产品材料的选择，产品结构和工艺的分析，到模具的拆装，再到模流分析和注塑成型操作，以情景式导入任务，符合学生认知规律。相信本书的出版，能为职业院校制订和完善课程教学和评价标准，探索课证融通指明方向。

天津职业大学校长　郑清春

2022. 7. 18

模具是工业生产的基础工艺装备，被称为"工业之母"，其技术水平已成为衡量一个国家制造水平的重要标志。塑料模具是目前模具行业的一个重要分支，产量占整个模具行业的30%左右。注塑成型是使用最多的一种塑料制品成型方法，未来注塑模具的发展将朝着精密、立体、高效、快速的方向发展。

为贯彻落实教育部等四部委《关于在院校实施"学历证书＋若干职业技能等级证书"制度试点方案》，积极推动1＋X证书制度的实施，由教育部指定参与1＋X证书制度试点的职业教育培训评价组织青岛海尔智家有限公司联合天津职业大学、常州工程职业技术学院、广东轻工职业技术学院、浙江天煌科技有限公司等国内注塑模具领域的重点院校、研究中心、企业，共同开发了本教材，作为广大从业人员和相关专业学生参加"注塑模具模流分析及工艺调试"职业技能等级证书考试的标准培训教材。

本书依据《注塑模具模流分析及工艺调试职业技能等级标准（中级）》，采用项目化、任务驱动模式编写。全书围绕企业模流分析及工艺调试相关岗位知识、技能和素养要求，分为4个项目，17个教学任务，每个任务都基于企业生产中的真实案例，对标《注塑模具模流分析及工艺调试职业技能等级标准（中级）》中的相应知识点、技能点，融入新技术、新工艺、新规范。通过本书学习，学员应掌握以下技能：能够进行塑件结构和工艺分析；能够拆装含有侧抽芯和斜顶机构的模具；能够操作注塑机及其辅助设备，根据产品缺陷进行注塑参数的调试并试制出合格塑件；能够利用模流分析软件对塑件进行网格划分；能够对塑件进行网格诊断及修复；能够进行模具浇口位置分析；能够对注塑成型窗口进行分析；能够进行充填分析、流动分析、冷却分析；能够结合模流分析进行试模与修配。

本书由青岛海尔模具有限公司、青岛海享学人力资源有限公司组织编写，李瑞友、张磊主编；青岛海尔模具有限公司张平、天津职业大学刘建红、天津职业技术师范大学黎振、常州工程职业技术学院熊煦任副主编。天津职业大学费晓瑜，天津轻工职业技术学院冯福才，天津职业技术师范大学王睿，常州工程职业技术学院蒋晓威、陈晓松、马立波、李珊珊，广东轻工职业技术学院刘青山参加编写。感谢浙江天煌科技有限公司李水生工程师为本书编写提供的帮助。

本书是1＋X"注塑模具模流分析及工艺调试"职业技能等级证书标准培训教材，同时可作为职业院校相关专业的教材及企业培训用书。

由于编者水平有限，书中不当之处在所难免，恳请广大读者予以批评指正。

编　者

2022.7

目录

塑料制件工艺性分析

【项目目标】

知识目标：

1. 掌握塑料制件基本工艺结构；

2. 掌握塑料基本组成与分类；

3. 了解塑料成型工艺特性；

4. 掌握常用塑料的应用。

技能目标：

1. 能够根据塑料制件技术要求选择合适的材料；

2. 能够判断塑料制件结构是否合理。

【项目引入】

产品工艺员小刘要制定冰箱门的生产工艺，首先他必须结合塑料制件结构和材料确定生产工艺，因此他需要了解塑料制件常见结构以及常用材料，掌握结构和材料对工艺性能的影响，具备根据塑料制件技术要求选择合适的材料的能力。

任务一 塑料制件结构分析

一、尺寸精度

塑料制件的尺寸精度受材料的收缩性、注塑成型参数、模具结构、模具零部件加工、成型设备性能和塑料熔体的流动性等多方面因素的影响。在满足制件使用性能和技术要求的前提下，尺寸精度可在一定范围内调整，以降低制造成本。

二、表面粗糙度

表面粗糙度用于表征物体表面微观不平性，表面粗糙度越小，则表面越光滑。塑料制件的表面粗糙度主要取决于模具成型零部件的表面粗糙度，同时与制件材料和成型方法有关。一般情况下模具表面粗糙度要比塑料制件表面粗糙度高一个等级。

三、脱模斜度

脱模斜度也称为拔模斜度，是指为了方便塑料制件脱模而设计的在脱模方向上的倾斜角度。塑料制件的脱模斜度一般取 $20'\sim1°30'$。在不影响外观和使用性能的前提下，脱膜斜度应尽量大一点，以便脱膜。一般型芯的脱模斜度要比型腔大；型芯长度越长，型腔深度越深，脱模斜度越大。表1-1 给出了部分制件脱模斜度的推荐值。

表 1-1　脱模斜度推荐值

塑料名称	斜　　度	
	型腔	型芯
聚酰胺（PA）	$25'\sim40'$	$20'\sim40'$
聚乙烯（PE）	$25'\sim45'$	$20'\sim45'$
聚苯乙烯（PS）	$35'\sim1°30'$	$30'\sim1°$
聚丙烯（PP）	$25'\sim45'$	$20'\sim45'$
丙烯腈-丁二烯-苯乙烯共聚物（ABS）	$40'\sim1°20'$	$35'\sim1°$
聚碳酸酯（PC）	$35'\sim1°$	$30'\sim50'$
聚甲醛（POM）	$35'\sim1°30'$	$30'\sim1°$

四、壁厚

壁厚需要根据塑料制件的使用要求、结构特点及成型工艺而定。壁厚太薄，则强度及刚度不足，塑料充模困难；反之，壁厚太大，则冷却时间延长，降低了生产效率，还会带来气泡、缩孔等瑕疵。壁厚应尽可能均匀一致，否则会因冷却固化速率不同而产生内应力，使制件发生翘曲变形和开裂，或表面收缩凹陷，内部产生气泡，尺寸精度变差。图1-1 所示为塑料制件壁厚优化设计举例。

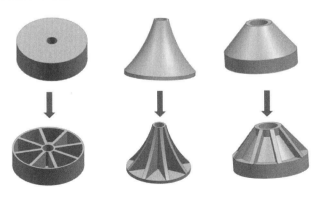

图 1-1　塑料制件壁厚优化设计举例

当塑料制件壁厚无法设计成均匀一致时，应在厚壁与薄壁交界处有一定的过渡，避免锐角，且厚度应沿着塑料流动的方向逐渐变化，避免因壁厚的急剧变化产生应力集中。

塑料制件壁厚受材料种类及制件尺寸影响。表 1-2 为常用塑料制件的最小壁厚推荐壁厚。

表 1-2　常用塑料制件的最小壁厚及推荐壁厚　　　　　mm

塑　　料	最小壁厚	小型塑料制件推荐壁厚	中型塑料制件推荐壁厚	大型塑料制件推荐壁厚
聚酰胺(PA)	0.45	0.75	1.6	2.4～3.2
聚乙烯(PE)	0.60	1.25	1.6	2.4～3.2
聚苯乙烯(PS)	0.75	1.25	1.6	3.2～5.4
聚丙烯(PP)	0.85	1.45	1.75	2.4～3.2
丙烯腈-丁二烯-苯乙烯共聚物(ABS)	0.75	1.25	1.6	2.4～3.2
聚甲基丙烯酸甲酯(PMMA)	0.80	1.50	2.2	4.0～6.5
聚碳酸酯(PC)	0.95	1.80	2.3	3.0～4.5
聚甲醛(POM)	0.80	1.40	1.6	3.2～5.4

五、加强筋

加强筋是指在不增加壁厚的情况下提高制件强度和刚性的结构，如图 1-2 所示。

加强筋应尽量沿着料流方向排列，同时应避免塑料局部集中，以便成型时有效改善塑料熔体的流动性，避免制件出现气泡、缩孔和凹陷等缺陷。

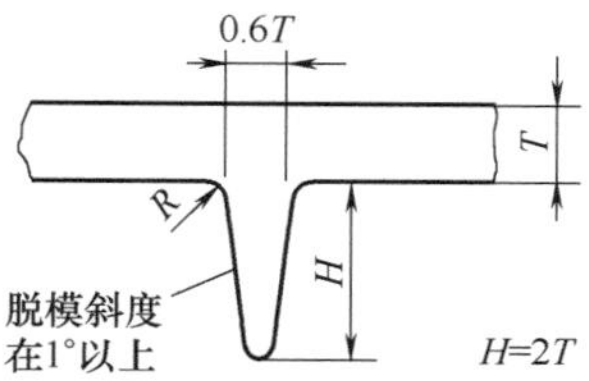

加强筋的厚度、高度和脱模斜度是相互关联的。加强筋太厚，会造成塑料制件的另一面产生凹痕，而太薄则会造成熔体在加强筋的尖端流动困难。

图 1-2　加强筋

六、支承面

塑料制件通常以支撑点、凸边或底脚作为支承面，如图 1-3 所示，而不以整个底面作为支承面，因为制件一旦发生翘曲，容易使底面不平而造成塑件放置不平稳。若支撑面上有加强筋，则支撑面应高于加强筋 0.5mm。

七、圆角

塑料制件转角处的过渡圆弧称为圆角，见图 1-4。塑料制件的设计应避免尖角，因为尖角处容易产生应力集中，降低制件强度，同时也会阻碍塑料熔体的流动，产生外观缺陷。在满足使用性能要求和不影响外观尺寸的前提下，圆角半径可尽量大一些。

图 1-3　塑料制件的支承面

八、孔

塑料制件上的常见孔有通孔、盲孔、异形孔等。通孔完全贯穿制件，盲孔具有一定深度而不贯穿制件，异形孔是形状不规则的孔。成型通孔时要注意避免产生横向或纵向飞边。制件结构应尽量减少侧孔或侧凹，以降低模具的复杂程度和制造成本。

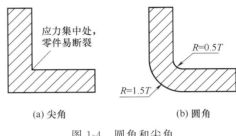

(a) 尖角　　　　　(b) 圆角

图 1-4　圆角和尖角

九、螺纹

塑料制件上的螺纹可通过注塑成型、机械加工成型、金属螺纹嵌件成型（该类型适合经常拆装或受力较大的螺纹）制得。外螺纹的外径应大于 4mm，以免强度不足；内螺纹的内径应大于 2mm，使螺纹型芯能够承受较高的注塑成型压力。塑料制件螺纹一般精度不高，因此螺纹配合长度不宜过长。

十、嵌件

塑料产品内嵌入的金属、玻璃或已成型的塑料等物体称为嵌件。因置入嵌件需要额外的工序配合，使周期延长，生产效率降低，提高生产成本，因此应尽量减少嵌件的使用。

【知识延伸】

根据国家标准 GB/T 14486—2008 的规定，塑料制件尺寸公差的代号是 MT，共分为 7 个级别：MT1～MT7，每个级别又分为 a 和 b 两类。如果未标注尺寸公差，则取 MT5、MT6、MT7 三个级别。对塑料制件，一般孔类尺寸应该标注正公差，轴类零件尺寸应该标注负公差。中心距尺寸可以标注正、负公差。塑料制件中配合部分的尺寸公差必须高于非配合部分。表 1-3 所示为塑料制件的尺寸公差。

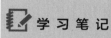

学 习 笔 记

表1-3　塑料制件尺寸公差

mm

公差等级	公差种类	>0~3	>3~6	>6~10	>10~14	>14~18	>18~24	>24~30	>30~40	>40~50	>50~65	>65~80	>80~100	>100~120	>120~140	>140~160	>160~180	>180~200	>200~225	>225~250	>250~280	>280~315	>315~355	>355~400	>400~450	>450~500	>500~630	>630~800	>800~1000
													标注公差的尺寸允许偏差																
MT1	a	0.07	0.08	0.09	0.10	0.11	0.12	0.14	0.16	0.18	0.20	0.23	0.26	0.29	0.32	0.36	0.40	0.44	0.48	0.52	0.56	0.60	0.64	0.70	0.78	0.86	0.97	1.16	1.39
	b	0.14	0.16	0.18	0.20	0.21	0.22	0.24	0.26	0.28	0.30	0.33	0.36	0.39	0.42	0.46	0.50	0.54	0.58	0.62	0.66	0.70	0.74	0.80	0.88	0.96	1.07	1.26	1.49
MT2	a	0.10	0.12	0.14	0.16	0.18	0.20	0.22	0.24	0.26	0.30	0.34	0.38	0.42	0.46	0.50	0.54	0.60	0.66	0.72	0.76	0.84	0.92	1.00	1.10	1.20	1.40	1.70	2.10
	b	0.20	0.22	0.24	0.26	0.28	0.30	0.32	0.34	0.36	0.40	0.44	0.48	0.52	0.56	0.60	0.64	0.70	0.76	0.82	0.86	0.94	1.02	1.10	1.20	1.30	1.50	1.80	2.20
MT3	a	0.12	0.14	0.16	0.18	0.20	0.22	0.26	0.30	0.34	0.40	0.46	0.52	0.58	0.64	0.70	0.78	0.86	0.92	1.00	1.10	1.20	1.30	1.44	1.60	1.74	2.00	2.40	3.00
	b	0.32	0.34	0.36	0.38	0.40	0.42	0.46	0.50	0.54	0.60	0.66	0.72	0.78	0.84	0.90	0.98	1.06	1.12	1.20	1.30	1.40	1.50	1.64	1.80	1.94	2.20	2.60	3.20
MT4	a	0.16	0.18	0.20	0.24	0.28	0.32	0.36	0.42	0.48	0.56	0.64	0.72	0.82	0.92	1.02	1.12	1.24	1.36	1.48	1.62	1.80	2.00	2.20	2.40	2.60	3.10	3.80	4.60
	b	0.36	0.38	0.40	0.44	0.48	0.52	0.56	0.62	0.68	0.76	0.84	0.92	1.02	1.12	1.22	1.32	1.44	1.56	1.68	1.82	2.00	2.20	2.40	2.60	2.80	3.30	4.00	4.80
MT5	a	0.20	0.24	0.28	0.32	0.38	0.44	0.50	0.56	0.64	0.74	0.86	1.00	1.14	1.28	1.44	1.60	1.76	1.92	2.10	2.30	2.50	2.80	3.10	3.50	3.90	4.50	5.60	6.90
	b	0.40	0.44	0.48	0.52	0.58	0.64	0.70	0.76	0.84	0.94	1.06	1.20	1.34	1.48	1.64	1.80	1.96	2.12	2.30	2.50	2.70	3.00	3.30	3.70	4.10	4.70	5.80	7.10
MT6	a	0.26	0.32	0.38	0.46	0.52	0.60	0.70	0.80	0.94	1.10	1.28	1.48	1.72	1.92	2.20	2.40	2.60	2.90	3.20	3.50	3.90	4.30	4.80	5.30	5.90	6.90	8.50	10.60
	b	0.45	0.52	0.58	0.66	0.72	0.80	0.90	1.00	1.14	1.30	1.48	1.68	1.92	2.10	2.40	2.60	2.80	3.10	3.40	3.70	4.10	4.50	5.00	5.50	6.10	7.10	8.70	10.80
MT7	a	0.38	0.46	0.56	0.66	0.76	0.86	0.98	1.12	1.32	1.54	1.80	2.10	2.40	2.60	3.00	3.30	3.70	4.10	4.50	4.90	5.40	6.00	6.70	7.40	8.20	9.60	11.90	14.80
	b	0.58	0.66	0.76	0.86	0.96	1.06	1.18	1.32	1.52	1.74	2.00	2.30	2.60	2.90	3.20	3.20	3.90	4.30	4.70	5.10	5.60	6.20	6.90	7.60	8.40	9.80	12.10	15.00
													未标注公差的尺寸允许偏差																
MT5	a	±0.10	±0.12	±0.14	±0.16	±0.19	±0.22	±0.25	±0.28	±0.32	±0.37	±0.43	±0.50	±0.57	±0.64	±0.72	±0.80	±0.88	±0.96	±1.05	±1.15	±1.25	±1.40	±1.55	±1.75	±1.95	±2.25	±2.80	±3.45
	b	±0.20	±0.22	±0.24	±0.26	±0.29	±0.32	±0.35	±0.38	±0.42	±0.47	±0.53	±0.60	±0.67	±0.74	±0.82	±0.90	±0.98	±1.06	±1.15	±1.25	±1.35	±1.50	±1.65	±1.85	±2.05	±2.35	±2.90	±3.55
MT6	a	±0.13	±0.16	±0.19	±0.23	±0.26	±0.30	±0.35	±0.40	±0.47	±0.55	±0.64	±0.74	±0.86	±1.00	±1.10	±1.20	±1.30	±1.45	±1.60	±1.75	±1.95	±2.15	±2.40	±2.65	±2.95	±3.45	±4.25	±5.30
	b	±0.23	±0.26	±0.29	±0.33	±0.36	±0.40	±0.45	±0.50	±0.57	±0.65	±0.74	±0.84	±0.96	±1.10	±1.20	±1.30	±1.40	±1.55	±1.70	±1.85	±2.05	±2.25	±2.50	±2.75	±3.05	±3.55	±4.35	±5.40
MT7	a	±0.19	±0.23	±0.28	±0.33	±0.38	±0.43	±0.49	±0.56	±0.66	±0.77	±0.90	±1.05	±1.20	±1.30	±1.50	±1.65	±1.85	±2.05	±2.25	±2.45	±2.70	±3.00	±3.35	±3.70	±4.10	±4.80	±5.95	±7.40
	b	±0.29	±0.33	±0.38	±0.43	±0.48	±0.53	±0.59	±0.66	±0.76	±0.87	±1.00	±1.15	±1.30	±1.45	±1.60	±1.75	±1.95	±2.15	±2.35	±2.55	±2.80	±3.10	±3.45	±3.80	±4.20	±4.90	±6.05	±7.50

任务二 塑料类型及成型工艺分析

一、塑料的组成

塑料的主要成分是高分子材料。为了满足塑料制件的使用性能和成型加工的要求，塑料中一般还需要加入添加剂。例如聚氯乙烯（PVC）中加入热稳定剂，防止其在成型中受热降解而变色甚至烧焦；聚丙烯（PP）中加入光稳定剂，防止受紫外光照射后老化等。

二、塑料的分类

塑料的分类方法有多种，常见的有下列两种。

（1）根据塑料受热后的表现不同分类。

按照这种方法，可将塑料分为热塑性塑料和热固性塑料两类。热塑性塑料是在一定程度上能够反复加热熔化和冷却固化的塑料，热固性塑料则是经加热固化以后，不能再进行熔化。常见的热塑性塑料有聚乙烯、聚丙烯、聚氯乙烯、聚苯乙烯、尼龙、聚甲醛、聚碳酸酯等，常见的热固性塑料包括酚醛树脂、不饱和聚酯树脂、环氧树脂等。

（2）根据塑料的用途不同分类。

塑料按照用途可分成通用塑料、工程塑料和特种塑料三类。通用塑料作为一般非结构性材料使用，产量大，价格相对低廉，多用于制作日用品。常见的通用塑料有聚乙烯（PE）、聚丙烯（PP）、聚氯乙烯（PVC）、聚苯乙烯（PS）、丙烯腈-丁二烯-苯乙烯共聚物（ABS）等。工程塑料是指力学性能较好，可以作为结构性材料使用，可用于制作某些机器零部件的塑料，如聚酰胺（PA）、聚碳酸酯（PC）、聚酯（PET 与 PBT）、聚苯醚（PPO）、聚甲醛（POM）等。工程塑料一般具有较好的耐低温性能、耐高温性能和尺寸稳定性等。特种塑料则是指具有特殊性能，能用于特殊用途的塑料，如聚苯硫醚（PPS）、聚酰亚胺（PI）、聚砜（PSF）、聚四氟乙烯（PTFE）等。

三、常用塑料及其成型工艺

1. 聚乙烯（PE）

聚乙烯无毒、无味，呈乳白色。聚乙烯分为低密度聚乙烯（LDPE）、高密度聚乙烯（HDPE）、线型低密度聚乙烯（LLDPE）、超低密度聚乙烯（ULDPE）和极低密度聚乙烯（VLDPE）。

低密度聚乙烯也叫高压聚乙烯，由乙烯经高压聚合而成。低密度聚乙烯结晶度相对较低，为 $65\%\sim75\%$；密度也较低，为 $0.910\sim0.925g/cm^3$；其相对分子质量一般较低；电绝缘性能优良，基本不受温度和电场频率的影响；具有较好的化学性能、透气性和耐老化性能。低密度聚乙烯可用于制造薄膜、管材、电线电缆绝缘层和注塑制品等。

高密度聚乙烯也称为低压聚乙烯，支链短而且少，密度较高，为 $0.941\sim0.970\ g/cm^3$；结晶度比较大，为 $80\%\sim95\%$；强度也较大。

线型低密度聚乙烯又称为第三代聚乙烯，除具有一般聚乙烯的性能外，其耐环境应力开裂性、耐低温性、耐热性和耐穿刺性尤其突出。

表 2-1 所示为 LDPE 与 LLDPE 的性能比较。

表 2-1　LDPE 与 LLDPE 的性能比较

项目	LLDPE	LDPE
熔点/℃	$110\sim125$	$105\sim115$
相对拉伸强度	$1.5\sim1.75$	1
相对弹性	$1.4\sim1.8$	1
耐环境应力开裂性	好	差
耐热性	好	稍差
耐油性	好	稍差

超低密度聚乙烯（ULDPE）和极低密度聚乙烯（VLDPE）被称为第四代聚乙烯。这两种聚乙烯的突出特点是密度非常低，柔软性非常好。其密度范围在 $0.870\sim0.920g/cm^3$。

聚乙烯的注塑成型工艺特性如下：

① 聚乙烯的吸水性极低，一般不超过 0.01%，注塑成型前无需对粒料进行干燥。

② 聚乙烯分子链柔性大，分子间作用力小，熔体黏度低，注塑成型时不用太高的压力，薄壁制件很容易成型。

③ 改变剪切速率和熔体温度对聚乙烯熔体流动性影响较小。

④ 聚乙烯的比热容大，冷却相对较慢。

表 2-2 列出了聚乙烯的典型注塑工艺参数。

表 2-2　聚乙烯的典型注塑工艺参数

工艺参数		LDPE	HDPE
料筒温度/℃	后部	$140\sim160$	$140\sim160$
	中部	$160\sim170$	$180\sim190$
	前部	$170\sim200$	$180\sim220$
喷嘴温度/℃		$170\sim180$	$180\sim190$

续表

工艺参数	LDPE	HDPE
注塑压力/MPa	50～100	70～100
螺杆转速/(r·min^{-1})	<80	30～60
模具温度/℃	30～60	30～60

2. 聚丙烯（PP）

聚丙烯（PP）无毒、无味，呈白色蜡状。聚丙烯的玻璃化温度高于聚乙烯，而耐化学腐蚀性和电绝缘性与聚乙烯相似；PP的耐热性能好，最高使用温度达到130℃，能够用于生产耐高温管道、蒸煮食品的包装或医疗器械等产品。聚丙烯成型收缩率较大，注塑成型时制件易产生变形、缩孔等缺陷，因此未经改性的PP不宜用于制作工程零部件，同时PP塑料制件对缺口十分敏感，在设计时应尽量避免尖锐的夹角和缺口。

注塑成型是聚丙烯最常用的成型方法之一，其注塑成型工艺特性如下：

① 聚丙烯的吸湿性小，仅为0.01%～0.03%，注塑成型前无需进行干燥。

② 聚丙烯的熔体黏度小，易成型得到薄壁长流程制品，成型压力不需要太高。

③ 聚丙烯成型收缩率约为1%～3%，而且表现出明显的后期收缩现象。

④ 聚丙烯受热后容易热氧老化，所以应尽量减少成型过程中的受热时间。

聚丙烯的典型注塑工艺参数如表2-3所示。

表2-3 聚丙烯的典型注塑工艺参数

工艺参数		取值范围
料筒温度/℃	后部	160～180
	中部	180～200
	前部	200～230
喷嘴温度/℃		180～190
注塑压力/MPa		70～100
螺杆转速/(r·min^{-1})		≤80
模具温度/℃		20～60

3. 聚氯乙烯（PVC）

聚氯乙烯（PVC）为白色或者浅黄色粉末，不易燃烧。PVC结晶度小，一般为5%左右，所以制件的透明性要优于聚乙烯、聚丙烯等塑料。聚氯乙烯根据添加的增塑剂和稳定剂分量的不同，可分为硬质聚氯乙烯和软质聚氯乙烯，硬质聚氯乙烯具有良好的机械性能，可作为结构材料。

聚氯乙烯注塑成型工艺特性如下：

① 聚氯乙烯热稳定性差，且成型温度范围小，超过熔点温度后易发生分解。因此注塑成型时应严格控制熔体温度，同时避免物料在料筒内停留时间过长（特别是生产启动和班次交接时）。

② 聚氯乙烯熔体黏度高、流动性差，通常需要加入润滑剂以提高物料的流动性；可通过增大浇口面积、缩短流动距离来避免因流动性差造成的表面缺陷。

③ 聚氯乙烯注塑成型时应采用带有预塑化装置的螺杆式注塑机。

④ 聚氯乙烯热分解时释放出氯化氢气体，对设备有腐蚀作用。因此，模具成型零部件应选用耐腐蚀或者表面镀铬的材料。

⑤ 聚氯乙烯的比热容仅为 $836 \sim 1170 kJ/(kg \cdot K)$，熔体冷却速度快，成型周期短。

硬质聚氯乙烯注塑成型典型工艺参数如表 2-4 所示。

表 2-4　硬质聚氯乙烯注塑成型典型工艺参数

工艺参数		取值范围
料筒温度/℃	后部	160～170
	中部	165～180
	前部	170～190
喷嘴温度/℃		180～190
注塑压力/MPa		80～130
螺杆转速/(r·min⁻¹)		28
模具温度/℃		30～60

4. 聚苯乙烯（PS）

聚苯乙烯（PS）无毒、无色、无味，一般为粒状，密度为 $1.05 g/cm^3$，易燃烧，具有较好的光学性能和电学性能。热变形温度较低，一般为 $70 \sim 90℃$，脆化温度为 $-30℃$，软化点 $90℃$。聚苯乙烯热导率低，制件的最高使用温度在 $60 \sim 80℃$。

聚苯乙烯是非常容易成型加工热塑性塑料，成型工艺特点如下：

① 聚苯乙烯的吸湿性低，成型加工前一般无需对粒料进行干燥。

② 聚苯乙烯无明显的熔点，从开始熔融流动到明显分解的加工温度范围较宽。

③ 聚苯乙烯成型收缩率及其变化范围都较小，有利于得到尺寸精度较高的塑料产品。

④ 聚苯乙烯质地硬而脆，制件极易出现裂纹，因此脱模斜度不能过小，顶出时受力要均匀。

⑤ 聚苯乙烯具有较好的流动性，成型时易产生飞边，因此模具常设计为点浇口形式。

聚苯乙烯的注塑成型可采用螺杆式注塑机或柱塞式注塑机。注塑成型时，可根据制品形状和壁厚不同，在很大范围内调节熔体温度。采用螺杆式注塑机时，最适宜的熔体温度是在190～230℃范围。典型注塑工艺参数如表2-5所示。

表 2-5　聚苯乙烯的典型注塑工艺参数

工艺参数		取值范围
料筒温度/℃	后部	140～180
	中部	180～190
	前部	190～200
喷嘴温度/℃		180～190
注塑压力/MPa		30～120
螺杆转速/(r·min^{-1})		70
模具温度/℃		40～60
后处理温度/℃		70

5. 丙烯腈-丁二烯-苯乙烯共聚物（ABS）

是由丙烯腈、丁二烯和苯乙烯制得的三元共聚物，A 代表丙烯腈，B 代表丁二烯，S 代表苯乙烯。ABS 为无毒、无味的粉状或粒状树脂，颜色为浅象牙色；所成型的制件具有较好的光泽性；易燃；密度为 1.08～1.2g/cm^3，具有较好的机械强度，特别是抗冲击强度。一般 ABS 热变形温度为 93℃，脆化温度一般为－27℃，若提高丁二烯的含量，脆化温度可降到－70℃。ABS 的热稳定性不好，在250℃以上易产生有毒的气体，所以加工之后应清理料筒。ABS 易溶于酮、醛、酯、氯化烃类；ABS 染色性、电镀性、电绝缘性能好，但是在紫外线作用下易被氧化降解。

ABS 注塑成型一般采用螺杆式注塑机，可成型形状复杂的大型制品。ABS 注塑成型工艺特点如下：

① ABS 是无定形聚合物，所以没有明显的熔点。ABS 发生熔融流动的温度不太高，随三种共聚单体比例不同而不同，但一般在 160～190℃便具有足够的流动性。加工温度范围较宽。

② ABS 熔体的非牛顿性比较明显，提高注塑成型压力可以使熔体黏度明显降低；黏度随温度升高也会明显下降。

③ ABS 吸湿性稍大于聚苯乙烯，制件表面易出现斑痕或云纹等缺陷，

成型前应进行干燥处理，一般在80～90℃下干燥2～3h即可。

④ ABS的成型收缩率较小，最大变化范围约为0.3%～0.8%。

表2-6为ABS的典型注塑工艺参数。

表2-6 ABS的典型注塑工艺参数

工艺参数		通用型ABS	高耐热型ABS	阻燃型ABS
料筒温度/℃	后部	180～200	190～200	170～190
	中部	210～230	220～240	200～220
	前部	200～210	200～220	190～200
喷嘴温度/℃		180～190	190～200	180～190
注塑压力/MPa		70～90	85～120	60～100
螺杆转速/(r·min^{-1})		30～60	30～60	20～50
模具温度/℃		50～70	60～85	50～70

6. 聚甲基丙烯酸甲酯（PMMA）

聚甲基丙烯酸甲酯（PMMA）又称有机玻璃，其透光性比普通的无机玻璃还高，大部分紫外线和红外线也可透过，是一种优秀的光学塑料，常用于光学制品。聚甲基丙烯酸甲酯具有良好的机械性能，但是冲击强度不高，且缺口敏感性较大。聚甲基丙烯酸甲酯的比热容为1470J/(kg·K)，比大多数热塑性塑料低，有利于加工过程中快速塑化和冷却固化。聚甲基丙烯酸甲酯具有一定的耐腐蚀能力，但这种能力会随温度的升高而降低。

聚甲基丙烯酸甲酯的注塑成型工艺特性如下：

① 甲基丙烯酸甲酯吸水率为0.3%～0.4%，成型前必须进行干燥处理，否则可能产生气孔、银纹等缺陷。干燥条件是80～85℃下干燥4～5h。

② 聚甲基丙烯酸甲酯熔体黏度随剪切速率增大会明显下降，而且温度升高也能降低其熔体黏度，提高成型压力和温度可获得较好的流动性。

③ 聚甲基丙烯酸甲酯开始流动的温度约160℃，开始分解的温度高于270℃，具有较宽的加工温度范围。

④ 聚甲基丙烯酸甲酯制品容易产生内应力，注塑成型时一般采用较低的注射速度，制品成型后也需要进行退火处理。

⑤ 聚甲基丙烯酸甲酯是一种无定形聚合物，其成型收缩率较小，约为0.5%～0.8%，有利于得到尺寸精度较高的制品。

表2-7是典型的聚甲基丙烯酸甲酯注塑成型工艺参数。

7. 聚酰胺（PA）

聚酰胺（PA）又称尼龙，外观为无毒、无味的半透明白色粉末或颗粒，密度为1.04～1.36g/cm³，易吸水，吸水率为1%～2.5%。其按结构分大约有20类，常用的有尼龙6、尼龙66、尼龙1010、尼龙11、尼龙12、尼龙610、尼龙612等。聚酰胺耐酸、碱、盐，耐油性和耐溶剂性能也很好，同时具有优良的机械性能，常用于制作轴承、齿轮等机械零部件。其电性能较差。

表 2-7　典型的聚甲基丙烯酸甲酯注塑成型工艺参数

工艺参数		螺杆式注塑机	柱塞式注塑机
料筒温度/℃	后部	180～200	180～200
	中部	190～230	—
	前部	180～210	210～240
喷嘴温度/℃		180～200	180～200
注塑压力/MPa		80～120	80～130
保压压力/MPa		40～60	40～60
螺杆转速/(r·min^{-1})		20～30	—
模具温度/℃		40～80	40～80

聚酰胺具有以下注塑成型特性：

① 较强的吸湿性，加工前必须干燥处理，一般是在 80～90℃ 的热风循环烘箱或真空箱中干燥，注意温度不能过高，否则容易氧化变黄。

② 熔体黏度很低，需采用自锁式喷嘴，否则易产生严重的流涎现象。

③ 高温下易发生氧化降解反应，因此应避免采用过高的成型温度，避免在高温料筒中停留时间过长。

④ 注塑成型可采用柱塞式或螺杆式注塑机，采用螺杆式注塑机时应带有止逆环，并采用长径比为 12～20、压缩比为 3～4 的突变型螺杆。

表 2-8 所示为聚酰胺的典型注塑工艺参数。

表 2-8　聚酰胺的典型注塑工艺参数

工艺参数		尼龙 6	尼龙 66	尼龙 1010
料筒温度/℃	后部	200～210	240～250	190～210
	中部	230～240	260～280	200～220
	前部	230～240	255～265	210～230
喷嘴温度/℃		200～210	250～260	200～210
注塑压力/MPa		80～100	80～130	80～100
螺杆转速/(r·min^{-1})		20～50	20～50	28～45
模具温度/℃		60～100	60～120	20～80
后处理温度/℃		—	—	90（油、水）

8. 聚甲醛（POM）

聚甲醛（POM）是高结晶性聚合物，外观呈淡黄色或白色，制品表面光滑，硬而致密。聚甲醛可分为均聚甲醛和共聚甲醛两种。聚甲醛拉伸弹性模量很高，表现出较大的刚性和硬度，其表面硬度与铝合金接近；其冲击强度也比一般的热塑性塑料高。聚甲醛具有优良的耐磨性，具有自润滑作用，滑动时无噪声，适于制作长期经受滑动摩擦的零部件。

温度对聚甲醛的力学性能影响不大，在 −40℃ 时仍能保持 23℃ 时冲击强度的 5/6，并具有一定的韧性。聚甲醛的拉伸强度、弹性模量、耐蠕变性等随温度的升高而降低的速度较慢。

聚甲醛耐溶剂性很好，常温下绝大多数有机溶剂都不能溶解它，对油脂类化合物也有较好的稳定性，只是不耐芳烃含量高的汽油。

聚甲醛的耐候性不好，长期暴露在紫外线下时力学性能显著下降，表面粉化、龟裂。聚甲醛的电绝缘性较好，且几乎不会受到温度和湿度的影响。

聚甲醛的注塑成型工艺特性如下：

① 聚甲醛的熔融温度范围窄，热稳定性差，加工温度一般不超过 250℃，也不能在料筒中滞留过长时间。应尽量降低加工温度，并通过提高注塑压力和速率来提高熔料的充模流动能力。当发现分解现象时应及时停机并清除分解产物，以免其进一步分解。

② 聚甲醛结晶度高，结晶过程中体积收缩率高达 17%，因此必须适当延长保压时间，以补料防缩，达到制品形状和尺寸要求。

③ 聚甲醛熔体凝固速度很快，可能造成充模困难，制品表面出现褶皱、熔接痕等缺陷。为消除这些缺陷，模具温度需要控制在 80～130℃。

④ 聚甲醛吸湿性低，而且吸收少量的水分对其成型工艺影响较小，所以一般可不用干燥。

⑤ 聚甲醛注塑成型时应选用突变型螺杆和直通式喷嘴，浇注系统应设计为流线形，浇口尺寸应大些。

聚甲醛的典型注塑工艺参数如表 2-9 所示。

表 2-9　聚甲醛的典型注塑工艺参数（螺杆式）

工艺参数		厚 6mm 以下的制品	厚 6mm 以上的制品
料筒温度/℃	后部	155～165	150～160
	中部	165～175	160～170
	前部	175～185	170～180
喷嘴温度/℃		170～180	165～175
注塑压力/MPa		60～130	40～100
注塑和保压时间/s		10～60	45～300
冷却时间/s		10～30	30～120

续表

工艺参数	厚 6mm 以下的制品	厚 6mm 以上的制品
总周期/s	30～100	90～460
螺杆转速/(r·min^{-1})	28～43	28～43
模具温度/℃	75～90	90～120
后处理温度/℃	—	120～130

9. 聚碳酸酯（PC）

聚碳酸酯（PC）是无定形结构的聚合物，无色或微黄色透明颗粒，无臭无味，密度为 1.2g/cm^3，吸水率为 0.18%，透光率为 75%～90%，25℃ 时的折光指数为 1.5890，可制成透明、半透明和不透明的各种制品，是一种重要的工程塑料。

聚碳酸酯的力学性能优良，其耐冲击性是热塑性塑料中最高的一种，比聚酰胺、聚甲醛等工程塑料高 3 倍以上，接近玻璃纤维增强的酚醛塑料或不饱和聚酯玻璃钢的水平，在低温下仍能保持较高的力学强度；其尺寸稳定性优于聚酰胺和聚甲醛。但其耐疲劳性差，容易出现应力开裂现象，而且对缺口很敏感，耐磨性也较差。聚碳酸酯的耐热性优良，玻璃化温度为 145～150℃；耐寒性也很好，脆化温度在 -100℃ 以下。其没有明显的熔点，在 220～230℃ 以上呈熔融状态。

聚碳酸酯的注塑成型一般采用螺杆式注塑机，所用螺杆应是等螺距、螺槽深度渐变的单头螺纹螺杆，螺杆的长径比为 15～20，压缩比为 1.5～2.5，螺杆头部一般带有止逆环，喷嘴采用延长式直通型或大通道锁闭型。

聚碳酸酯注塑成型的工艺特点如下：

① 聚碳酸酯熔体黏度高，240～300℃ 时达到 10^4～10^5 Pa·s，难以成型薄壁长流程的制品和形状复杂的制品。

② 增大剪切速率时，聚碳酸酯熔体黏度不会出现明显下降，但提高温度会使黏度显著下降。

③ 聚碳酸酯玻璃化温度较高，在注塑成型时易产生较大的内应力，需提高成型加工温度和模具温度，采用高速率进行注塑；带嵌件的制品须对嵌件进行预热；制品脱模后在 125℃ 下退火处理 24h。

④ 聚碳酸酯吸水率为 0.15%，少量水分也会使其在成型温度下发生酯基水解，分子断链，使制品冲击强度等力学性能明显下降，同时会严重影响制品外观，出现银纹。因此，成型前必须预先对粒料进行严格的干燥，一般在 120℃ 下干燥 4～6h。

⑤ 聚碳酸酯对金属有很强的粘附性，因此生产结束后应立即将料筒清理干净。否则粘附在料筒内壁上的熔体在冷却收缩时会将筒壁向料筒内拉，损伤筒壁。

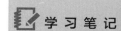

聚碳酸酯的典型注塑工艺参数如表 2-10 所示：

表 2-10 聚碳酸酯的典型注塑工艺参数

工艺参数		取值范围
料筒温度/℃	后部	220～240
	中部	230～280
	前部	240～285
喷嘴温度/℃		240～250
注塑压力/MPa		70～150
螺杆转速/(r·min⁻¹)		28～43
模具温度/℃		70～120
后处理温度/℃		120～125

10. 聚对苯二甲酸乙二醇酯（PET）和聚对苯二甲酸丁二醇酯（PBT）

PET 俗称涤纶树脂，其耐光性、耐热性、耐候性、抗蠕变性、耐疲劳性、耐摩擦性、耐磨损性和电性能良好，除大量用于生产涤纶纤维及织物外，还广泛用于制造汽车、机械设备、电子电气设备的零部件，如阀门、齿轮、仪表罩、车灯支架、开关、继电器、电容器、中空包装容器等。PET 不宜在高温水蒸气及浓酸、浓碱环境中工作。

PBT 耐有机溶剂，具有良好的化学稳定性、电绝缘性和热稳定性，常用于制作电器零部件和汽车散热器隔窗等。

两者的性能如表 2-11 所示。

表 2-11 PET 与 PBT 的性能

项目	PET		PBT	
	无增强	30%玻纤增强	无增强	30%玻纤增强
密度/(g/cm³)	1.35	1.55	1.30	1.53
拉伸强度/MPa	75	140	60	135
断裂伸长率/%	50	3	60	3
缺口冲击强度/(kJ/m²)	4	6	4	9
热变形温度/℃	85	220	67	215
熔点/℃	250～255	250～255	225～235	225～235
玻璃化温度/℃	3.3	3.7	3.3	3.8
介电常数(50Hz)	0.08	0.06	0.06～0.1	0.03～0.08
吸水率/%	1.5～2.0	0.3～0.8	1.5～2.2	0.4～0.8

PET 和 PBT 在高温高湿环境下容易发生水解，成型加工前必须进行严格干燥。PET 应在 135℃ 的热风循环烘箱中干燥 2～4h，PBT 应在 120℃ 下干燥 3～6h。干燥温度较低时应延长干燥时间。

PET 和 PBT 熔体黏度与剪切速率有较明显的依赖关系，随剪切速率增大，黏度会快速降低；温度对这两种聚合物熔体黏度的影响较小。PET 和 PBT 有较高的收缩率，且制品在不同方向上的收缩率差别较大。PET 和 PBT 的典型注塑工艺参数如表 2-12 所示。

表 2-12　PET 和 PBT 的典型注塑工艺参数

工艺参数		PET	PBT	玻纤增强 PBT
料筒温度/℃	后部	240～260	160～180	210～230
	中部	260～280	230～240	230～240
	前部	260～270	220～230	250～260
喷嘴温度/℃		250～260	210～220	210～230
注塑压力/MPa		80～120	50～60	60～100
螺杆转速/(r·min^{-1})		20～40	20～30	29
模具温度/℃		100～140	30～80	30～120
后处理温度/℃		—	—	170～175

11. 酚醛树脂（PF）

酚醛树脂（PF）属于热固性塑料，脆性大，机械强度低，很少单独加工成制品，一般添加大量填料，制成酚醛模塑料。酚醛模塑料具有刚性好、变形小的特点，同时具有较好的耐热性和耐磨性，主要用于生产电气绝缘产品、日用品、汽车零件和仪表零件，例如开关、灯头、瓶盖、纽扣、手柄及电饭锅零件、刹车片等。

酚醛模塑料注塑成型的温度控制必须精确，严格防止物料在料筒内发生固化反应。进料温度可设为 30～70℃，料筒温度 75～95℃，喷嘴温度一般设为 85～100℃，射出料温 120～130℃；模具温度须保持在 150～220℃，促进发生交联固化反应；注塑压力一般为 100～170MPa。

12. 氨基树脂

氨基树脂是以带有氨基或酰氨基的有机化合物与醛类化合物进行缩聚反应而制成的一类树脂。氨基树脂包括脲醛树脂（UF）、三聚氰胺甲醛树脂（MF）、苯胺甲醛树脂（AF）等很多品种，目前应用较多的为 UF 和 MF 两种，其中 UF 的产量占 80%，MF 占 15% 以上。氨基树脂的最大用途是用作刨花板和胶合板的黏合剂，其次为涂料和纤维，用于塑料制品的仅占10％左右，主要用于餐具的制造。氨基树脂为白色，可着色成各种颜色。

由脲醛树脂、固化剂、填料、增塑剂、润滑剂和着色剂等可制成脲醛塑料，又称电玉粉，其中脲醛树脂起粘合剂作用，应选用低聚合度、低黏度的UF树脂。固化剂的作用是加快固化，主要为草酸、邻苯二甲酸、苯甲酸、氨基磺酸铵及磷酸三甲酯等酸类物质，加入量为0.2％～2％。填料的主要作用是降低成本，也可以改善尺寸稳定性等性能。常用的填料有纸浆、木粉、云母及玻璃纤维等，用量为物料总重量的25％～35％。增塑剂用于聚合度较高的脲醛树脂压塑粉中，可以提高流动性和增加产品韧性。增塑剂用量为物料总重量的5％～15％。润滑剂使其易于流动，便于脱模，常用的润滑剂有硬脂酸甘油酯、硬脂酸环己酯等硬脂酸盐或者一些无机酸酯类化合物。润滑剂用量为物料总重量的0.1％～1.5％。

脲醛塑料产品硬度较高，耐电弧性好，可以耐矿物油和霉菌的长久作用。但是也存在耐水性较差的缺点，在水中长期浸泡后电绝缘性降低。脲醛塑料大量用于生产日用品及照明设备零部件。

由三聚氰胺甲醛树脂与石棉、滑石粉等助剂一起可配制成三聚氰胺甲醛塑料，也称为密胺塑料或MF塑料，其色彩可以随着着色剂的变化而多有不同，可制成耐紫外线、耐电弧且无毒的塑料产品。MF塑料耐沸水、茶、咖啡等饮料，还能像陶瓷产品一样方便地去掉茶渍等污物，而且质轻、不易碎，多用于生产餐具、电器开关、灭弧罩及防爆电器零部件。

MF塑料含水分及挥发物多，在注塑成型时收缩率大，所以使用前需要预先干燥。由于MF塑料在成型时可能会有弱酸性分解产物及水分析出，故模具应做好防腐工作并注意排气。MF塑料流动性好、硬化速度快，在预热及成型时的温度不能过高，加料、合模及成型速度要快，以免其提早固化。带嵌件的MF塑料制件易产生应力集中现象，尺寸稳定性差。

【知识延伸】

塑料成型工艺性能是塑料在成型加工过程中表现出的特有性能，对塑料制件的质量有非常重要的影响。

1. 收缩性

塑料制件冷却定型后的尺寸一般都会比模具尺寸小，这是因为在成型过程中塑料产生收缩，体积减小。影响收缩性的因素较多，包括塑料材料的性质、产品的结构特征（制件的形状、内部结构、嵌件等）、成型温度、压力及模具结构等。

塑料种类不同，其收缩性也不相同，即便是同种塑料，其牌号不同，收缩性也会有所不同。较高的熔料温度、较低的注塑压力会使产品的收缩性变大。常用塑料品种的收缩率如表2-13所示。

表2-13　常用塑料品种的收缩率

塑料品种	收缩率/%
高密度聚乙烯	1.5～3.5
低密度聚乙烯	1.5～3.0
聚丙烯	1.0～3.0
聚苯乙烯	0.4～0.6
ABS	0.4～0.7
聚碳酸酯	0.5～0.7
聚甲醛	1.8～2.6
尼龙6	0.7～1.5
尼龙66	1.0～2.5
热塑性聚氨酯	1.2～2.0
聚甲基丙烯酸甲酯	0.5～0.7
聚对苯二甲酸丁二醇酯	1.3～2.2

2. 流动性

塑料熔体在一定温度与压力作用下充填模腔的能力称为流动性。所有塑料都是在熔融塑化状态下加工成型的，因此塑料流动性的好坏在很大程度上影响着成型工艺的许多参数，如成型温度、压力、模具浇注系统的尺寸及其他结构参数等。在设计塑料制件大小与壁厚时，也要考虑流动性的影响。根据溢料间隙大小，塑料熔体的流动性大致可划分为好、中等和差三个等级，见表2-14。

表2-14　塑料的溢料间隙

溢料间隙/mm	流动性等级	塑料类型
≤0.03	好	尼龙、聚乙烯、聚丙烯、聚苯乙烯、醋酸纤维素
0.03～0.05	中等	改性聚苯乙烯、ABS、聚甲醛、聚甲基丙烯酸甲酯
0.05～0.08	差	聚碳酸酯、硬聚氯乙烯、聚砜、聚苯醚

3. 相容性

在熔融状态下，参与共混的高分子聚合物之间不产生相斥分离、而得到宏观均一材料的特性称为相容性。高分子聚合物组合体系按相容程度可分为完全相容、部分相容和不相容三种类型，相应的聚合物组合可分别称为完全相容体系、部分相容体系和不相容体系。例如PP/PS、PC/PE共混物为典型的不相容体系，PC/PBT共混物为部分相容体系。完全相容体系并不多见。

4. 热敏性

热敏性是指塑料受热分解的难易程度，也称为塑料的热稳定性。当塑料受到高温或高剪切应力作用时，分子链会发生断裂，发生一系列物理化学变化，宏观上表现为塑料的降解、变色等，容易出现这些特征的塑料被称为热敏性塑料。塑料的热敏性对其成型加工工艺和产品质量影响很大。制品生产过程中，为了防止热敏性塑料受热分解，通常在塑料配方中添加热稳定剂，并且严格控制其成型温度和受热时间。典型的热敏性塑料有聚氯乙烯和聚甲醛。

5. 吸湿性

塑料的吸湿性与其亲水性的强弱有关。一般含有极性基团（酰胺基、酯基、氨基等），能与水形成氢键的塑料的吸水性比较强，如聚酰胺、聚酯、聚碳酸酯等；非极性分子结构对水的吸附性较小，这类塑料的吸湿性较弱，如聚乙烯、聚丙烯等。

项目二 典型模具结构拆装

【项目目标】

知识目标：

1. 掌握侧向分型与抽芯机构的种类和工作原理；

2. 掌握斜顶的结构和工作原理；

3. 掌握三板模的拆装方法及注意事项；

4. 掌握模具拆装的安全常识（工装穿戴等）。

技能目标：

1. 能够看懂三板模装配图；

2. 能够按照装配图进行三板模的拆装；

3. 能够进行侧向分型与抽芯机构和斜顶零部件的保养；

4. 能够进行三板模的保养。

【项目引入】

装配组技术人员小刘接到表 3-0 所示的保养任务单，对模号为 ZJ0001 的模具进行定期保养。

表 3-0 保养任务单

保养任务单			
模号：ZJ0001			
保养目的	保养部位	保养项目	保养标准
定期保养	侧向分型与抽芯机构	去除滑块表面锈斑和残胶	无锈斑和残胶
		检查滑块、弹簧、耐磨板等磨损情况	更换磨损严重零件
		润滑保养	均匀涂抹润滑油
	顶出机构	去除直顶杆和斜顶杆表面锈斑	无锈斑
	成型零部件	去除型腔和型芯表面残胶	无锈斑
		去除型腔和型芯的表面锈斑	表面清洁无锈斑
	导向零部件	去除导柱表面锈斑	无锈斑
		润滑保养	均匀涂抹润滑油

小刘从电脑中调取了该模号模具的二维装配图和三维模具图，了解到该模

具为双分型面注塑模具，即三板模，并且含有侧向分型与抽芯机构以及斜顶机构。在确定了各个零部件的装配关系后，小刘将所需的拆装和保养工具整齐摆放到工作台上，开始拆卸模具，之后按照保养任务单进行相应零部件的保养，最后再将模具组装起来。在此任务中，小刘首先需要掌握典型三板模、侧向分型与抽芯机构以及斜顶机构的组成及工作原理，掌握常用拆装及测量工具的使用方法以及模具的保养方法，了解模具拆装的安装注意事项，同时具备模具拆装和保养的相关技能。

任务三　模具结构认知

一、模具特点认知

1. 确定模具类型

① 观察模具装配图，如图 3-1 所示。对照《GB/12556.1—2006　塑料注射模模架》标准，该模具所用模架是典型的点浇口标准模架。

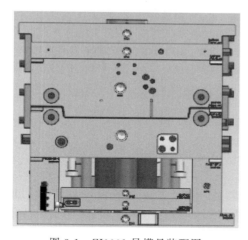

图 3-1　ZJ0001 号模具装配图

② 确定模具类型，根据模架类型和组成，确定该模具为典型双分型面注塑模具，即三板模。

2. 确定模具结构组成

模具结构组成一般可分为八个系统。具体如下：

① 浇注系统：主要包括主流道、分流道、浇口、冷料井、拉料杆等。

② 成型零件系统：包括型芯、型腔及其他辅助零件。

③ 温控系统：主要包括冷却系统、模具加热系统等。

④ 顶出系统：主要包括零件的顶出机构、侧分型机构、二次顶出机构、先复位机构及顺序定距分型机构等。

学习笔记

⑤ 侧向分型与抽芯机构：包括滑块、楔紧块、斜导柱、弹簧和耐磨板等

⑥ 导向系统：在模具工作过程中，导向系统保证各运动部件相互间的移动精度，包括导柱、导套、导滑键、导滑槽等。

⑦ 排气系统：用于充模时快速排出模具型腔中的气体。

⑧ 连接辅助系统：用于连接模具零件及其他辅助部件，主要为螺钉、锁模块等。

ZJ0001 模具含有侧向分型与抽芯机构以及斜顶机构，如图 3-2 所示。

图 3-2 侧向分型与轴芯机构及斜顶机构

二、侧向分型与抽芯机构认知

1. 侧抽芯机构使用

塑料制品结构多样，无法避免侧面出现侧凹、侧孔或者内部出现侧凹的形状。图 3-3（a）为产品侧面有一个侧孔，需要侧向抽芯；图 3-3（b）为塑件侧面有一侧凹，不能采用强制脱模，需要侧向抽芯；图 3-3（c）为塑件内部有侧凹，需要侧向抽芯；图 3-3（d）为零件上下面是法兰，也需要侧向分型。这些产品在开模后，如果侧型芯没有脱出，将没有办法将塑件沿着主分型面顶出，因此需要侧向分型与侧向抽芯机构，在开模或者顶出时完成侧向型芯的脱出。侧向抽芯机构需要将垂直于分型面的开模方向运动转变成侧向运动，驱动侧型芯部分侧向移动，完成侧型芯的脱模，从

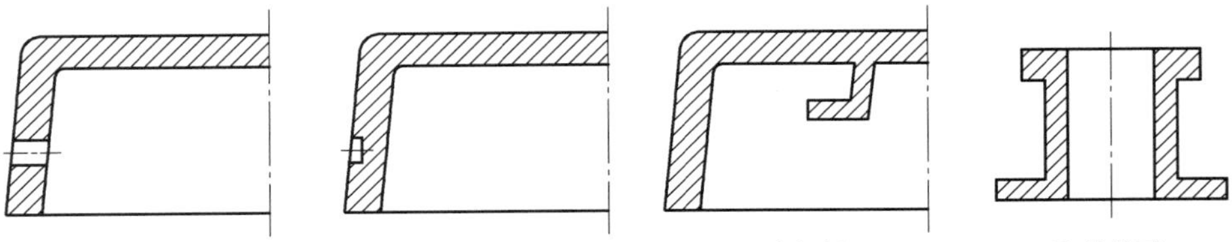

图 3-3 需要侧向抽芯机构的典型特征

而使产品能顺利顶出。

2. 侧抽芯机构分类及特点

随着塑料材料日益广泛应用，塑料产品的形态及结构也千变万化，差异巨大，但是归根到底，塑料产品结构设计一定要满足成型工艺的要求。模具中侧向抽芯增加了模具设计、加工、装配的难度，提高了模具成本。因此，在产品设计中尽量避免侧抽芯机构，如果不能避免，需要选择合理的侧抽芯方式，以降低模具设计、制造过程的难度及成本，提高模具运行的可靠性。侧抽芯机构主要分类方式如下：

① 按照运动的动力来源，可以分为手动侧抽芯、机动侧抽芯、液压（气动）侧抽芯三大类，其优缺点及适用场合见表 3-1。图 3-4 为手动侧抽芯模具，产品内部有侧凹，不能直接顶出，采用侧抽芯结构，在开模后将成型侧凹的侧型芯与产品一起顶出，然后在模具外面采用手动或设计其他机构脱出侧成型。图 3-5 为机动侧抽芯机构，产品有个侧孔，侧向型芯固定在侧向滑块上，开模时，斜导柱驱动侧滑块侧向移动，带动侧型芯完成侧抽芯。图 3-6 为液压（气动）侧抽芯机构，产品为一弯管，两侧都采用液压（气动）提供动力，完成内部型芯的抽芯。

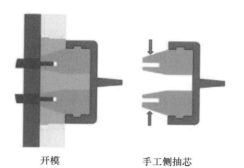

开模　　　　　　手工侧抽芯

图 3-4　手动侧抽芯模具

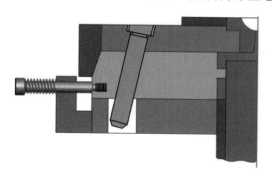

图 3-5　机动侧抽芯机构

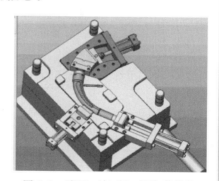

图 3-6　液压（气动）侧抽芯机构

表 3-1　侧抽芯类型优缺点及适用场合

侧抽芯类型	优点	缺点	适用场合
手动侧抽芯	结构简单、成本低	成型效率低，抽芯力小	小批量或试制性生产
机动侧抽芯	成型效率高，劳动强度低，抽芯力大，动作可靠，易实现自动化，广泛应用	模具结构复杂，模具精度要求高，成本高	最常用的侧抽芯机构
液压（气动）侧抽芯	传动平稳，侧抽力与侧抽距大	成本高，需要液压站或气泵	大型注射模具的侧抽芯

② 根据机动侧抽芯机构的特点，主要分三类：斜导柱侧抽芯机构、斜滑块侧抽芯机构和斜推杆侧抽芯机构。后面将介绍常见的斜导柱侧抽芯机构及斜推杆侧抽芯机构。

3. 侧抽芯模具结构组成及工作原理

典型斜导柱侧抽芯结构如图 3-7 所示。图中所示斜导柱侧抽芯机构由斜导柱、侧滑块、锁紧块、挡块、弹簧及动模板上的滑槽组成。

斜导柱侧抽芯机构的原理是利用斜导柱驱动侧滑块产生侧向移动完成侧向抽芯。侧抽芯机构工作过程如下：开模时，定模部分的斜导柱驱动动模部分的侧滑块在滑槽内向上移动（见图 3-8），完成侧向抽芯；当模具打开到一定位置，斜导柱脱出侧滑块上的斜导柱孔时，在弹簧力作用下侧滑块贴紧挡板，限制侧滑块的位置，防止侧滑块在重力作用下下滑。合模时，斜导柱进入侧滑块的斜导柱孔内，驱动侧滑块向下移动，完成侧滑块复位。塑料填充时熔融塑料给侧滑块很大的侧向力；锁紧块的作用是用其斜面锁紧侧滑块，平衡侧滑块的侧向力，保护斜导柱。

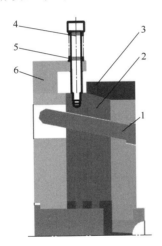

图 3-7　斜导柱侧抽芯结构

1—斜导柱；2—侧滑块；3—锁紧块；4—螺钉；5—弹簧；6—挡块

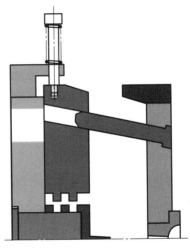

图 3-8　斜导柱侧抽芯动作过程

4. 斜导柱侧抽芯机构结构形式

① 斜导柱固定结构形式如图 3-9 所示。图 3-9（a）中安装后的斜导柱台阶端面平行于动模板平面；图 3-9（b）中将斜导柱台阶做成与抽拔角一致的圆锥面，其顶部与锥面平齐；图 3-9（c）中斜导柱的非驱动功能的两个侧面铣成 0.8 倍直径的平面，从而有利于减少斜导柱工作过程中与斜导柱孔的摩擦。

② 侧滑块机构结构形式如图 3-10。侧滑块结构一般由成型型芯和侧滑座组成。图 3-10（a）中侧滑座与侧型芯做成整体结构形式，此种结构成型面简单，易加工，缺点是不便于维修、更换。当侧型芯直径较大时，可以

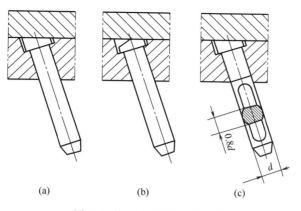

(a)　　　　　　(b)　　　　　　(c)

图 3-9　斜导柱固定结构形式

在侧滑座上将销钉贯穿型芯，固定侧型芯，如图 3-10（b）所示。当侧型芯直径较小时，可以在侧型芯与侧滑座接触处加工骑墙销孔，安装销钉固定，如图 3-10（c）所示。对于细型芯，可以采用如图 3-10（d）所示结构，在侧型芯的端部采用螺塞紧固，方便侧型芯的更换。对于侧滑座上安装多个型芯的情况，可以将侧型芯镶嵌在固定板上，然后整体固定到侧滑座上，如图 3-10（e）所示。对于异形侧型芯，可以采用压板固定，然后用螺钉和销钉将压板固定在侧滑座上，如图 3-10（f）。

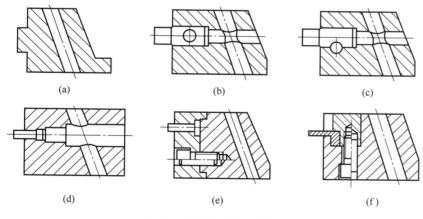

(a)　　　　　　(b)　　　　　　(c)
(d)　　　　　　(e)　　　　　　(f)

图 3-10　侧滑块机构结构形式

③ 侧滑块的导滑结构如图 3-11 所示。

图 3-11（a）中侧滑块及导滑槽均为整体式结构，结构简单紧凑，在小模具中广泛应用。

图 3-11（b）中侧滑块较宽，可在滑块底部安装条形镶块，与侧滑块底部的槽配合，保证滑块的运动精度。

如图 3-11（c）所示，对于滑块高度较高的情况，可以在滑块中下部两侧加工导滑面，让其与模板上 T 型槽配合，利于斜导柱驱动侧滑块，改善斜导柱受力。

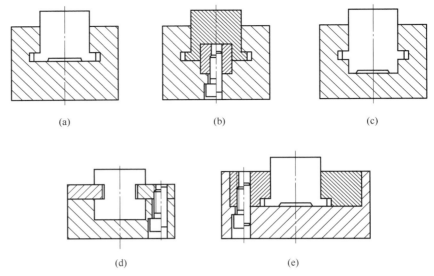

图 3-11 侧滑块的导滑结构

图 3-11（d）所示为将导滑槽设置在侧滑块的中部，导滑板固定在模板上，简化加工。

图 3-11（e）所示的结构形式为将左右对称的镶块固定在模板上，形成镶拼式导滑槽。

④ 侧滑座的定位结构形式如图 3-12。图 3-12（a）中在侧滑块的端部固定一个挡块进行限位，结构简单；图 3-12（b）中在侧滑块的端部加挡钉进行定位；图 3-12（c）采用弹顶销和侧滑座上的底部的凹坑进行定位，结构紧凑；图 3-12（d）是将弹簧安装在侧面，推杆推动侧滑块定位在挡钉的位置；图 3-12（e）为滑块底部加挡板，模板内开槽并安装弹簧，弹簧力作用与推板使其定位；图 3-12（f）利用弹簧力，使拉杆拉着侧滑块定位于挡板的定位面上。

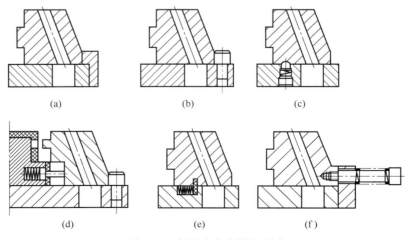

图 3-12 侧滑座定位结构形式

⑤ 锁紧块结构形式如图 3-13。图 3-13（a）所示为将锁紧块固定在模板的侧面，结构简单，安装方便，但锁紧强度和刚度较差，容易松动，适合侧向力比较小的场合；图 3-13（b）在图 3-13（a）的基础上，在侧滑块的底部增加一个圆锥形的锁紧销，承受部分的侧向力；图 3-13（c）中，为了改善 3-13（a）的结构承受侧向力差的缺点，在锁紧块前端加工出一个斜面，与固定在动模板上的镶块的斜面配合，增加锁紧块的刚度；图 3-13（d）将锁紧块固定到模板内，改善锁紧块的受力。

学 习 笔 记

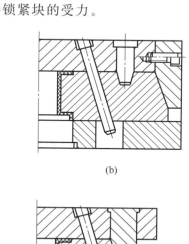

(a)

(b)

(c)

(d)

图 3-13　锁紧块结构形式

三、斜顶机构认知

1. 斜顶机构组成及原理

斜顶机构也可称为斜推杆侧抽芯机构，如图 3-14 所示。图中所示产品内部有凸起，需要侧抽芯。该机构主要由斜推杆型芯、导滑座、销轴组成。导滑座固定在推杆固定板上；斜推杆型芯一端通过销轴与导滑座连接，另一端参与成型产品。销轴能在导滑座中上下滑动。

图 3-15 为斜顶机构的脱模过程。图 3-15（a）为顶出前的状态。侧抽芯如图 3-15（b）所示。

2. 斜顶机构设计要点

在斜推杆侧抽时，斜推杆成型部分相对塑件侧向移动。为了防止塑件阻碍抽芯的径向移动，斜推杆的顶部应低于主型芯断面 0.05～0.1mm。

斜推杆成型部分侧向移动时，要有足够的空间。

斜推杆的抽芯角度一般取 5°～25°。

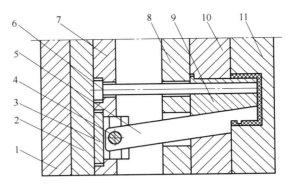

图 3-14　斜顶机构

1—动模座板；2—垫板；3—导滑座；4—销钉；5—斜推杆型芯；6—推杆；
7—推杆固定板；8—支撑板；9—型芯；10—动模板；11—定模板

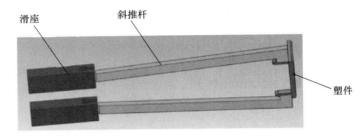

(a) 顶出前的状态

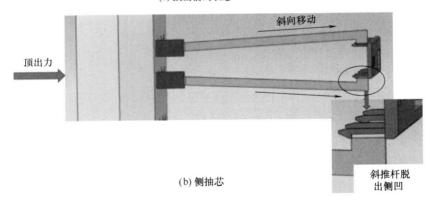

(b) 侧抽芯

图 3-15　斜顶机构的脱模过程

3. 导滑座结构形式

斜推杆侧抽芯机构工作时，斜推杆沿着前段的导向孔侧向移动，而斜推杆安装侧也需要发生相对移动，因此，斜推杆安装侧的移动也需要导向。常见的有 T 型导滑槽和销轴导滑端 T 型滑槽，如图 3-16 所示。斜推杆的安装端加工出凹槽，与滑座上加工好的 T 型槽配合，保证斜推杆能沿着滑槽侧向移动。

销轴式滑槽如图 3-17 所示，在斜推杆的一端安装销钉，让其在滑座的销钉导槽中滑动。此种方式结构简单，成本低，但是易发生卡滞。

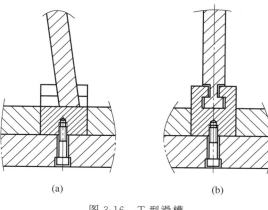

(a)　　　　　　　　(b)

图 3-16　T 型滑槽

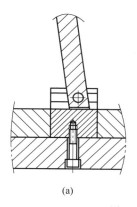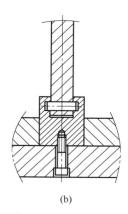

(a)　　　　　　　　(b)

图 3-17　销轴式滑槽

4. 侧抽芯机构特点

不同的侧抽芯机构有不同的特点及适用场合。表 3-2 为机动侧抽芯类型及适用场合。

表 3-2　机动侧抽芯类型及适用场合

侧抽芯类型	侧向抽芯力的来源	适用场合
斜导柱侧抽芯机构	开模力	塑件侧面需要侧向分型的场合,适合侧向分型面积小、抽芯距小的场合
斜推杆侧抽芯机构	顶出力	用于塑件内侧局部需要侧抽芯的场合

【知识延伸】

某电器上的一个零件如图 3-18 所示,产品外形尺寸为 207mm×46mm×13mm。从图中正面可以看出,此产品侧面有字母,内部有倒扣。

图 3-19 为产品局部细节放大图。其中 A 位置为字母,深度为 0.25mm;B 位置为内部的卡扣;C 位置为外部的卡扣。很明显这三处直接脱模会发生干涉,产品将脱不出来。因此要采用侧抽芯机构才能完成产品的成型。

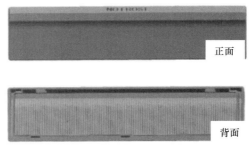

图 3-18　产品图

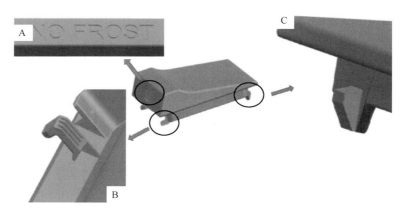

图 3-19　产品局部细节放大图

　　从图中可以看出，A 位置是字母，在塑件的外侧，比较浅，因此此处可以采用斜导柱侧抽芯机构进行抽芯；B 位置的卡扣在产品背面的内部，尺寸比较小，因此采用斜推杆侧抽芯机构完成抽芯；C 位置的卡扣在塑件的侧面，尺寸比较小，可以采用斜导柱侧抽芯机构或者斜推杆侧抽芯机构，但由于尺寸比较

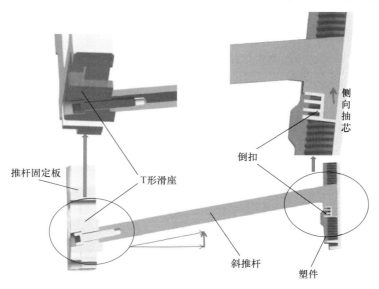

图 3-20　B 位置斜推杆侧向抽芯机构

小，采用斜推杆侧抽芯机构结构更简单，模具成本更低。

图3-20中，斜推杆头部参与成型，尾部通过螺钉固定在T型滑座上。T型滑座能在推件固定板的导滑孔中滑动。当开模后，顶出系统向右顶出工件的过程中，斜推杆斜向移动，完成卡扣处的抽芯。

图3-21为产品C位置卡扣斜推杆侧向抽芯机构。尾部固定在T型滑座上。顶出时，斜推杆斜向移动，完成倒扣位置侧抽芯。

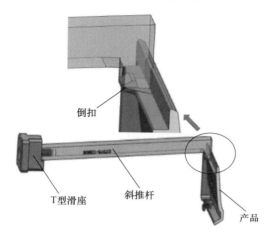

图 3-21　C位置卡扣斜推杆侧向抽芯机构

任务四　拆装与测量工具认知

一、认识常用拆装工具

1. 扳手

扳手是模具拆卸与安装时常用的一种工具，是利用杠杆原理拧转螺栓、螺钉或螺母等紧固件的开口或套孔的手工工具。扳手的种类有很多，在模具的拆卸与安装中最常用的是内六角扳手（如图4-1）。

图 4-1　不同规格内六角扳手

内六角扳手是成 L 形的六角棒状扳手，专用于拧转内六角螺钉。内六角扳手的规格以内六角头螺栓头部的六角对边距离来表示，其零件图如图4-2 所示。

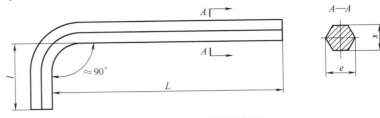

图 4-2 内六角扳手零件图

2. 铜棒

铜棒是圆柱形铜合金棒材（如图 4-3），主要分为黄铜棒（铜锌合金，较便宜）、紫铜棒（较高的铜含量）。用于模具拆卸与安装时敲打模具，是模具钳工拆卸与安装模具必不可少的工具。其目的是防止模具零件被打至变形，使用时用力要适当、均匀，以免安装零件卡死。

图 4-3 铜棒

3. 台虎钳

台虎钳又称虎钳（如图 4-4），是用来夹持工件的通用夹具。安装在工作台上，以钳口的宽度为标定规格，常见规格从 75mm 到 300mm。转盘式的钳体可旋转，使工件旋转到合适的工作位置。

图 4-4 台虎钳

台虎钳是由转盘座、夹紧盘、螺母、丝杠、钳口等部分组成（图 4-5）。活动钳身通过导轨与固定钳身的导轨做滑动配合。丝杠装在活动钳身上，可以旋转，但不能轴向移动，并与安装在固定钳身内的丝杠螺母配合。摇动手柄使丝杠旋转，就可以带动活动钳身相对于固定钳身做轴向移动，起夹紧或放松的作用。在固定钳身和活动钳身上各装有钢制钳口，并用螺钉固定。钳口的工作面上制有交叉的网纹，使工件夹紧后不易产生滑动。固定钳身装在转盘座上，并能绕转盘座轴心线转动，当转到要求的方向时，扳动夹紧手柄使夹紧螺钉旋紧，便可在夹紧盘的作用下把固定钳身固紧。

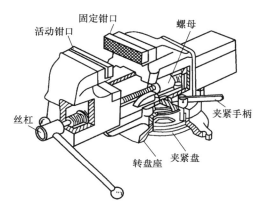

图 4-5　台虎钳结构图

二、认识常用测量工具

1. 游标卡尺

游标卡尺是一种测量长度、内外径、深度的量具。游标卡尺由主尺和附在主尺上能滑动的游标两部分构成（图 4-6）。从背面看游标是一个整体，深度尺与游标尺连在一起，可以测槽和筒的深度。

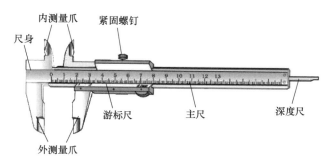

图 4-6　游标卡尺

游标卡尺是比较精密的测量工具，游标卡尺的最小读数值有 0.1mm（游标尺上标有 10 个等分刻度）、0.05mm（游标尺上标有 20 个等分刻度）和 0.02mm（游标尺上标有 50 个等分刻度）三种。因此游标卡尺在使用时要注意轻拿轻放，不要碰撞或跌落地下，不能用来测量粗糙的物体，以免损坏量爪，避免与刃具放在一起；使用完毕后要用棉纱擦拭干净，长期不用时应擦上黄油或机油，两量爪合拢并拧紧禁固螺钉，放入卡尺盒内。

2. 千分尺

千分尺又称螺旋测微器、分厘卡（图 4-7），是比游标卡尺更精密的测量工具，用它测长度可以准确到 0.01mm，测量范围为几个厘米。千分尺分为机械千分尺和电子千分尺（数显千分尺），电子千分尺如图 4-8。在使用千分尺测量时，注意在测微螺杆快靠近被测物体时应停止使用旋钮，改用微调旋钮，这样可避免产生过大的压力，既能保证测量结果精确，又能保护千分尺。

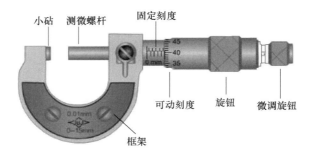

图 4-7　千分尺

图 4-8　电子（数显）千分尺

【知识延伸】

1. 常用拆装工具

模具根据其尺寸大小及结构的复杂程度不同，拆卸和安装时所用到的工具种类和名称也各不相同，下面就模具常用的一些拆装工具进行介绍。

（1）吊装类工具

模具在拆卸和安装时常用到的吊装类工具有吊环螺钉、钢丝绳、手动葫芦、电动葫芦、液压升降搬运车等，详细内容如表 4-1 所示。

（2）扳手类工具

扳手根据形状和用途和分为很多种类，在模具的拆卸和安装过程中常用的扳手类工具见表 4-2。

表 4-1　吊装类工具

工具图示及名称	定义及用途	注释
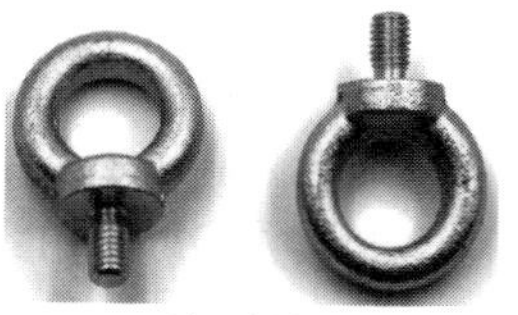 吊环螺钉	吊环螺钉是一种标准紧固件，用于吊装模具、设备等重物。	安装时一定要旋紧，保证吊环台阶的平面与模具零件表面贴合，根据重物的尺寸及重量选择合适的螺钉型号，保证吊环的强度足够
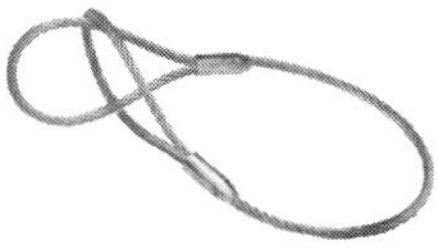 钢丝绳	将钢丝按照一定规则捻制在一起的螺旋钢丝束。具有很高的抗拉强度和韧性，在模具吊运、拉运等运输活动中使用	钢丝材质分为碳素钢和合金钢，通过冷拉或冷轧而成，横断面有圆形与异形（T型、S型、Z型），根据使用环境条件的需求对钢丝进行适宜的表面处理
 手动葫芦	手动葫芦又叫链条葫芦，是一种使用简单、携带方便的手动起重机械。适用中小型模具的短距离吊运，起重量一般不超过10t，最大可达 20t，起升高度一般不超过 6m	手拉葫芦的外壳材质为优质合金钢，安全性高。向上提升重物时顺时针拽动手动链条，下降时逆时针拽动链条。严禁超载使用，严禁人员在重物下行走或工作
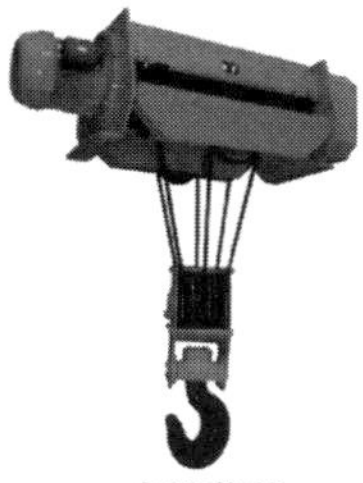 电动葫芦	电动葫芦是一种特种起重设备，安装于天车、龙门吊之上，电动葫芦具有体积小、自重轻、操作简单、使用方便等特点。起重量一般为 0.3～80t；起升高度为3～30m	由电动机、传动机构和卷筒或链轮组成，分为钢丝电动葫芦和环链电动葫芦两种。一般安装在单梁起重机、桥式起重机、门式起重机或悬挂起重上
 叉车	叉车是工业搬运车辆，是对成件托盘货物进行装卸、堆垛和短距离运输作业的轮式搬运车辆，模具生产中多用于大型模具的搬运	工厂多以电动叉车为主，以蓄电池为能源，电动机为动力，承载能力 1.0～8.0t

学习笔记

表 4-2　常用扳手类工具

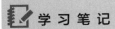

工具图示及名称	定义及用途	注释
活动扳手	活动扳手又称活扳手,其开口宽度可在一定范围内调节,是用来紧固和起松不同规格的螺母和螺栓的一种工具。由头部和柄部构成,头部由活动板唇、呆板唇、板口、蜗轮和销轴构成,旋转蜗轮可调节板口的大小	该扳手通用性强,不但可用于标准的公制螺栓和英制螺栓,而且还可用于某些自制的非标准螺栓
呆扳手	呆扳手又称开口扳手,它的一端(单头呆扳手)或两端(双头呆扳手)带有固定尺寸的开口,其开口尺寸与螺钉头、螺母的尺寸相适应,并根据标准尺寸制作而成	呆扳手一般由优质中碳钢或优质合金钢整体锻造而成,尺寸精度高,抗打击能力强,经久耐用
梅花扳手	梅花扳手的两头为花环状,且两头花环不一样大。其内孔是由两个正六边形相互同心错开30°而成。很多梅花扳手都有弯头,常见的弯头角度在 $10°\sim45°$ 之间,因此从侧面看旋转螺栓部分和手柄部分是错开的。这种结构便于拆卸装配在凹陷空间的螺栓、螺母,并可为手指提供操作间隙,以防止擦伤	梅花扳手常用在补充拧紧和类似操作中,可以对螺栓或螺母施加大扭矩,但严禁将加长的管子套在扳手上延伸扳手的长度增加力矩
套筒扳手	套筒扳手一般称为套筒,是由多个带六角孔或十二角孔的套筒及手柄、接杆等多种附件组成,特别适用于拧转空间十分狭小或凹陷很深处的螺栓或螺母	套筒扳手适用于螺母端或螺栓端完全低于被连接面,且凹孔的直径不能用于活动扳手、呆扳手、梅花扳手,或者螺栓件空间受限制的情况

（3）螺钉旋具类工具

螺钉旋具是一种用来拧转螺丝以使其就位或松动的常用工具，也是拆卸和安装模具时较常用的一类工具。螺钉旋具的种类有很多，在拆装模具时常用的螺钉旋具有一字螺钉旋具、十字螺钉旋具、内六角螺钉旋具和电动螺钉旋具等，详细内容如表 4-3 所示。

表 4-3 螺钉旋具类工具

工具图示及名称	定义及用途	注释
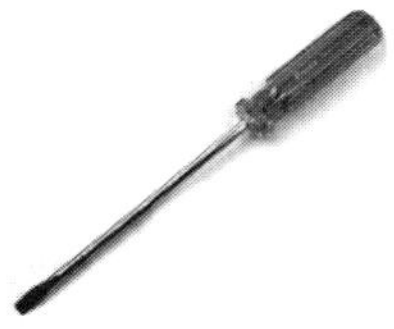 一字螺钉旋具	一字螺螺钉旋具用于拧紧或松出头部有一字形沟槽的螺钉	将螺钉旋具的一字端头对准螺钉顶部的一字形沟槽并嵌入固定,然后旋转手柄,顺时针方向旋转为拧紧,逆时针方向旋转为松出(极少数情况下相反)
 十字螺钉旋具	十字螺钉旋具用于拧紧或松出头部具有十字形沟槽的螺钉	将螺钉旋具的十字端头对准螺钉顶部的十字形沟槽并嵌入固定,然后旋转手柄,顺时针方向旋转为拧紧,逆时针方向旋转为松出(极少数情况下相反)
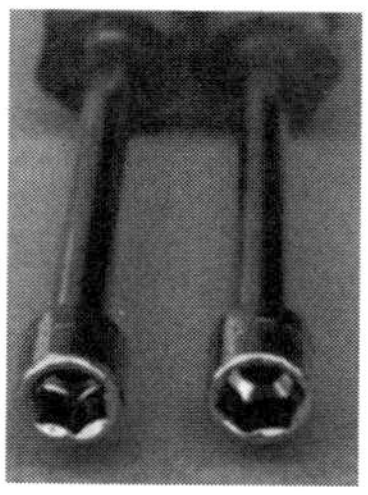 内六角螺钉旋具	内六角螺钉旋具用于拧紧或松出头部具有内六角沟槽的螺钉	内六角螺钉旋具与内六角螺钉之间有 6 个接触面,受力充分且不容易损坏。可与内六角扳手配合拧紧或松出深孔中螺钉
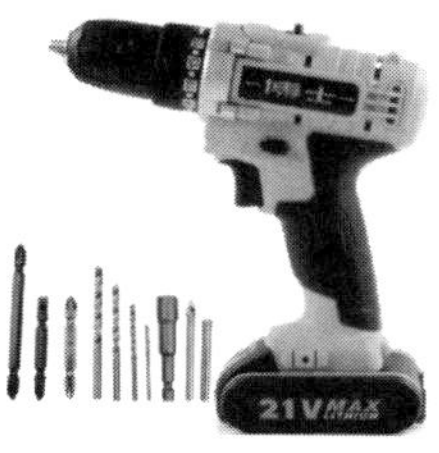 电动螺钉旋具	电动螺钉旋具是以电动马达代替人手拧紧或松出螺丝的电动工具。电动螺钉旋具通常是多种刀头的组合套装	电动螺钉旋具属于电动类工具,在更换刀头时一定要将电源插头拔离电源插座,且关闭螺丝刀电源

（4）其他拆装工具

在模具的拆卸和安装过程中,除了以上几类工具外,也经常会用到液压千斤顶、吹尘枪等其他拆装工具,如表 4-4 所示。

表 4-4　模具常用其他拆装工具

工具图示及名称	定义及用途	注释
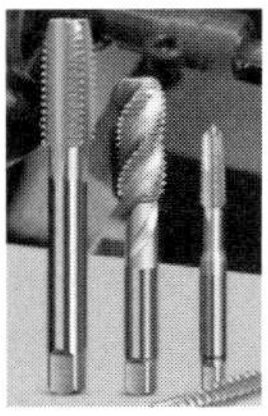 丝锥	丝锥是一种加工内螺纹的工具，按照形状可以分为螺旋槽丝锥、刃倾角丝锥、直槽丝锥和管用螺纹丝锥	丝锥是在加工螺母或其他机件上的普通内螺纹用（即攻螺纹）；机用丝锥通常是指高速钢磨牙丝锥，适用于在机床上攻丝；手用丝锥是指碳素工具钢或合金工具钢滚牙（或切牙）丝锥，适用于手工攻螺纹
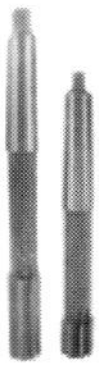 铰刀	具有直刃或螺旋刃的旋转精加工刀具，用于扩孔或修孔，因切削量少，其加工精度要求通常高于钻头。可以手动操作或安装在钻床上工作	铰刀用于铰削工件上已钻削（或扩孔）加工后的孔，主要是为了提高孔的加工精度，降低其表面的粗糙度，是用于孔的精加工和半精加工的刀具，加工余量一般很小
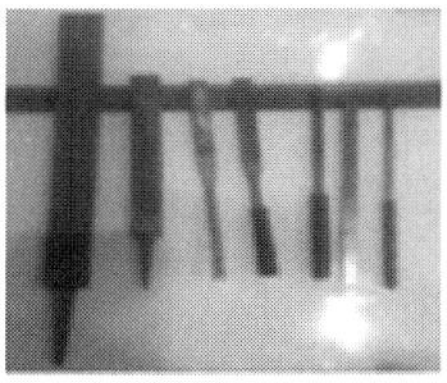 锉刀	表面上有许多细密刀齿、用于锉光工件的手工工具	按照锉身处的断面形状不同，可以分为扁锉、半圆锉、三角锉、方锉、圆锉等
 研磨机	研磨机或者砂轮机，常常用作机械式研磨、抛光及打蜡	工作时，要将研磨机把持平稳，缓慢解除打磨面，切勿突然将旋转的砂轮接触打磨面，以免崩坏砂轮，飞击伤人
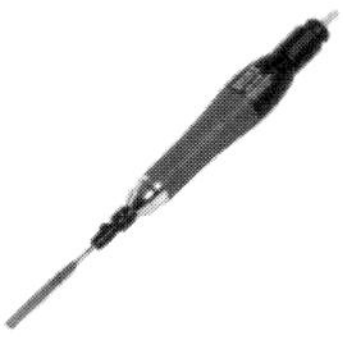 超声波抛光机	超声波抛光机可用于模具抛光和整形	在使用时可根据需要更换不同的抛光头

2. 其他测量工具

除了游标卡尺和千分尺之外，在模具零件的测量过程中还会用到表 4-5 所示一些其他的测量工具。

表 4-5　其他测量工具

工具图示及名称	定义及用途	注释
万能角度尺	万能角度尺又称角度规、游标角度尺和万能量角器,是利用游标读数原理来直接测量工件内、外角或进行划线的一种角度量具	万能角度尺的读数机构是根据游标原理制成的。主尺刻线每格为1°,游标的刻线是取主尺的29°等分为30格,因此游标刻线角格为29°/30,即主尺与游标一格的差值为2′,也就是说万能角度尺读数准确度为2′
量块	量块是一种无刻度的标准端面量具。由两个相互平行的测量面之间的距离来确定其工作长度。量块主要用作尺寸传递系统中的中间标准量具,或在相对法测量时作为标准件调整仪器的零位,也可以用它直接测量零件	量块的横截面为矩形或圆形,一对相互平行的测量面间具有准确的尺寸。量块形状简单,量值稳定,耐磨性好,使用方便,除每块可单独作为特定的量值使用外,还可以组合成所需的各种不同尺寸使用
直角尺	直角尺又称角尺、靠尺,是检验和划线工作中常用的量具,用于检测零工件的垂直度或工件相对位置的垂直度	直角尺按材质分为铸铁直角尺、铝镁直角尺和花岗岩直角尺。直角尺只能读出毫米数,因此测量结果精度较低

学习笔记

任务五　模具拆卸

一、准备工作

(1) 按照车间及实验室要求着装

穿好工作服,穿防砸劳保鞋,戴安全帽及手套。注意衣袖袖口要扣好。

(2) 拆卸工作场地整理及工量具准备

将拆装工作台工作区域杂物清理干净,然后擦干净,保持台面整齐整洁,可以根据工作条件或按照图 5-1 对工作进行分区,将工作台分为作业区、工具区、量具区、图纸区及零件存放区。检查装工具车内工量具,查看所需拆装工具是否齐全。所需拆装工具包括：内六角扳手、套筒、铜棒、防锈剂、抹布、塑胶锤等；所需量具包括游标卡尺、深度尺等。将用到的工量具整齐摆放到工作台的工量具区。

（3）准备螺钉等细小物件分类整理盒

将细小物件分类整理盒（图5-2）放在物品存放区，以分类存放螺钉、密封圈等小零件。

（4）熟悉图纸

通过认真阅读分析图纸，了解模具结构，明确工作任务。

① 打开模具装配图，如图5-3所示。

② 看标题栏，了解模具图的名称、比例、画图视角，如图5-4所示。这些信息对看图很重要。从图中可以看出，此模具产品为带有斜顶及侧抽装置的三板模具，装配图采用第一角法，比例为1:2。

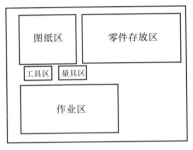

图 5-1　工作台分区参考

图 5-2　分类整理盒

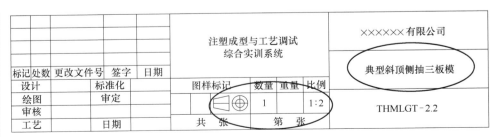

图 5-4　装配图标题栏

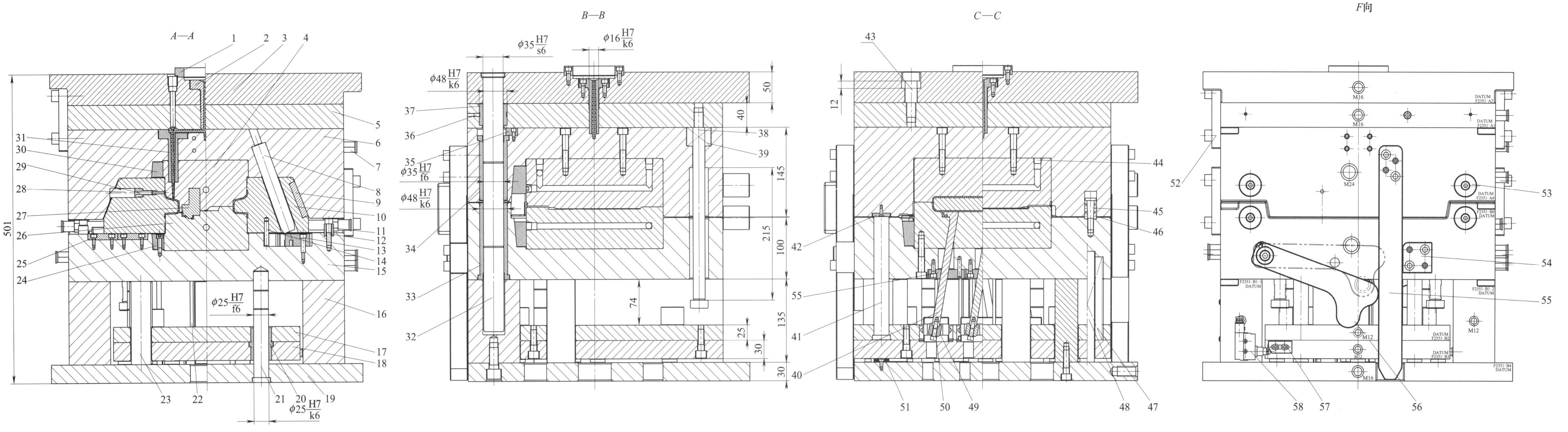

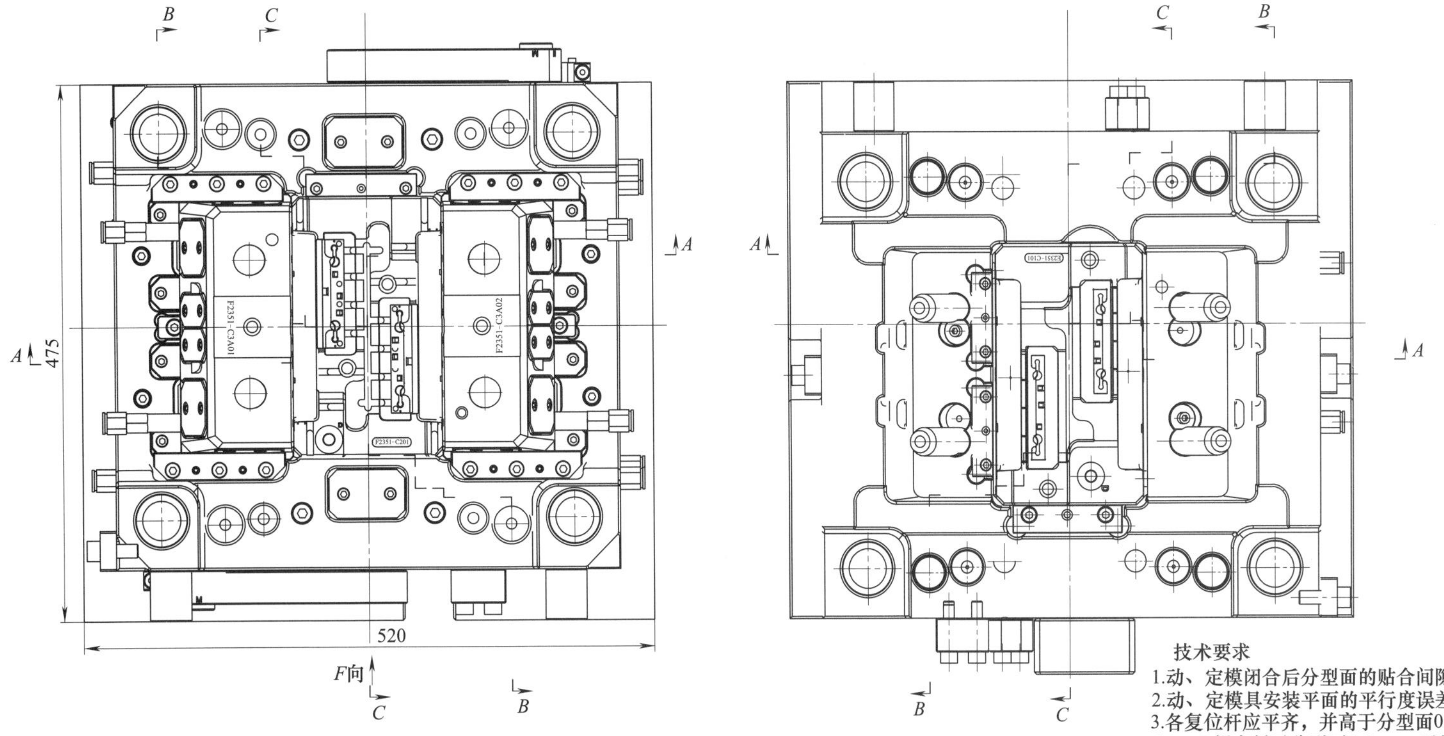

技术要求

1.动、定模闭合后分型面的贴合间隙最大允许量为0.02mm。
2.动、定模具安装平面的平行度误差必须小于0.03mm。
3.各复位杆应平齐，并高于分型面0.05～0.15mm。
4.A、B板应低于分型面0.5mm，以增强锁模效果。
5.侧抽芯机构侧滑块、斜顶及顶出机构运动必须灵活，严格控制顶出行程。
6.斜顶头部装配好顶出系统复位后，检查成型面是否到位。
7.装配过程中零件不允许磕、碰、划伤和锈蚀。
8.螺钉、螺栓和螺母紧固时，严禁打击或使用不合适的旋具和扳手，紧固后螺钉槽、螺母和螺钉、螺栓头部不得损坏。
9.移动侧滑块时，确保顶出机构复位，防止侧滑块与顶出机构干涉。
10.零件加工表面上，不应有划痕、擦伤等损伤零件表面的缺陷。

序号	规格代号	名称	数量	材料	单件	总计	备注
58	Z-15-GQ22-B	行程开关组件	2				
57		行程开关撞块	2	45			
56		先复位摆杆组件	2	45			
55		先复位推杆	4	T8A			HRC43~48
54		挡块	2	45			
53	ϕ38×45	模脚	4	45			
52	110×20×15	锁模板	4	Q235			
51	ϕ25×5	垃圾钉	14	STD			
50	ϕ11×1	弹性垫圈	6	STD			
49		滑座组件	6	STD			氮化
48	ϕ24×125	弹簧保持柱	4	STD			
47	ϕ50×200	复位弹簧	4	STD			
46		锁模套	4	STD			
45	M10×45	螺钉	4	STD			
44	M12×10	堵头	16	STD			
43	M16×20×35	定距螺钉	4	STD			
42	ϕ30×6	垫片	4	STD			
41	ϕ25×192	复位杆	4	STD			HRC43~48
40		斜顶	6	P20			氮化
39	ϕ40×60	弹簧	4	STD			
38		定距拉杆	4	STD			
37	ϕ48×40	直导套	4	STD			
36	M6×15	顶丝	4	STD			
35		压块	12	45			
34	ϕ48×95	定模导套	4	STD			HRC50~55
33	ϕ48×115	动模导套	4	STD			HRC50~55
32	ϕ35×410	导柱	4	STD			HRC50~55
31	ϕ16×8	点浇口套	2	STD			
30		定模侧楔紧块	3	45			
29	12×2×30	回针弹簧	2	STD			
28		侧推杆	2	T10A			
27		小成型镶块	1	P20			HRC38~42
26		动模模仁	1	P20			HRC38~42
25	50×80×10	大耐磨板	12	STD			
24		动模侧楔紧块	2	45			HRC43~48
23	ϕ38×135	支撑柱	4	45			HRC43~48
22		顶杆	8	T8			HRC50~55
21	ϕ25×170	顶出导柱	4	STD			HRC50~55
20	ϕ35×55	顶出导套	4	STD			HRC50~55
19	520×475×30	动模座板	1	45			HBW230~270
18	310×340×30	垫板	1	45			HBW230~270
17	310×340×25	推杆固定板	1	45			HBW230~270
16	475×70×135	垫块	2	45			HRC43~48
15	475×430×100	动模板	1	45			HBW230~270
14	ϕ10×40	销钉	24	STD			
13	XWJ-10	行位夹组件	4	STD			
12	M10×30	内六角螺钉	32	STD			
11	ϕ20-16-20	挡环	4	STD			
10		侧滑块	2	P20			
9	60×40×10	小耐磨板	4	STD			
8		斜导柱	2	T10			
7	M12	水嘴	14	STD			
6	475×430×145	定模板	1	45			HBW230~270
5	475×430×40	推件板	1	45			HBW230~270
4		定模模仁	1	P20			HRC38-42
3	520×475×50	定模座板	1	45			HBW230~270
2	SBBT16-57	浇口套	1	STD			HRC50-55
1	ϕ100-15-70	定位环	1	STD			

标记 处数 更改文件号 签字 日期	注塑成型与工艺调试综合实训系统		××××××有限公司
设计 标准化	图样标记	数量 1 重量 比例 1:2	典型斜顶侧抽三板模
绘图 审定			
审核			
工艺 日期	共 张	第 张	

图 5-3　拆卸模具装配图

③ 看动定模模具的俯视图，了解模具大小及长宽。图 5-5 所示为动模俯视图，从图中可以看出模架尺寸为 520mm×475mm，基准在有直角符号的两侧，刻有"DATUM"字样，如图 5-6 所示。

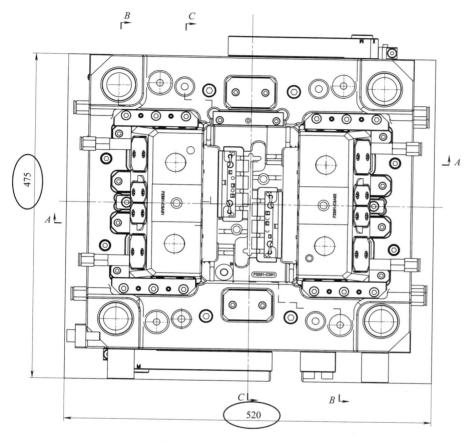

图 5-5 装配图中动模俯视图

④ 看模具剖视图，了解模具闭合高度、动模板及定模板厚度、垫块的高度，如图 5-7 所示。从图中可以知道模具闭合高度为 501mm，定模板厚度为 145mm，动模板厚度为 100mm，垫块厚度为 135mm。

⑤ 观察剖视图的截面，找到产品的截面，确定分型面，从而确定动模部分和定模部分，找到浇注系统，确定浇口类型，如图 5-8 所示。图中采用点浇口进料，模具有 PA 及 PB 两个分型面。PB 为主分型面。找到主分型面后，模具就可以清楚地分为动模部分及定模部分。浇注系统可以看出，浇注系统由主流道、分流道、点浇口组成。

⑥ 根据产品截面图及俯视图，分析产品形状特点，如图 5-9 及图 5-10 所示。从图 5-9 中可以看出，产品截面变化大，侧面需要侧抽芯，因此可以判断该模具要采用侧抽芯机构，可以看出采用了斜导柱侧抽芯机构。从图 5-10 可以看出该模具中有两个侧抽芯位置，左右各一个，反对称分布。

学习笔记

学 习 笔 记

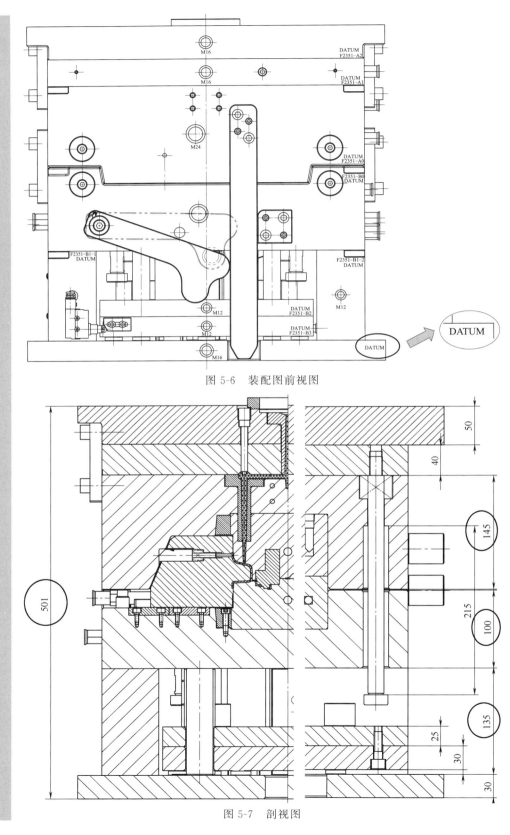

图 5-6　装配图前视图

图 5-7　剖视图

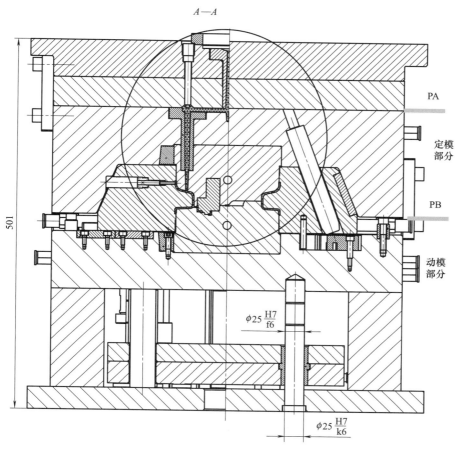

图 5-8   识别模具分型面及浇注系统

图 5-9   产品截面图

⑦ 观察侧向分型机构，确定侧抽脱模各零件的组合关系，如图 5-11 所示。从图中可以看出，为了成型产品侧面，采用了斜导柱侧抽芯机构进行侧向抽芯。侧抽芯机构组成零件有侧成型镶块、斜导柱、挡环、耐磨板、行位夹、侧推杆。侧成型镶块的侧成型面积大，需要较大的锁紧力，因此定模板侧面加工成斜面，锁紧侧成型镶块。为了保证侧成型镶块开模时的位置，底部增加了行位夹，确保侧成型镶块定位可靠。在侧成型块中设置了侧推杆，以防止开模时产品粘在侧成型镶块上。

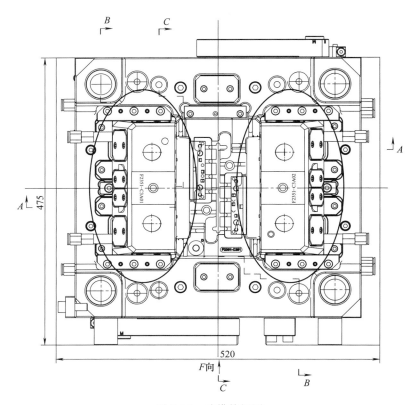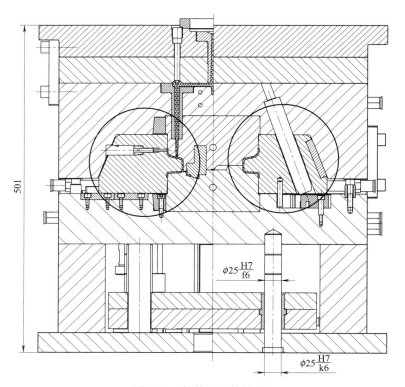

图 5-10　动模俯视图

图 5-11　侧抽芯机构结构

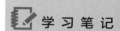

⑧ 了解斜顶的结构及装配关系。从图 5-12 中可以知道，斜顶底部固定在滑座上，中间安装有导向块，斜顶上方有侧成型镶块，因此斜顶与侧成型镶块易发生干涉。为了防止干涉，在顶出时一定要保证侧成型镶块已经处于开模位置；在合模时，侧成型镶块复位前要保证推出系统先复位，即斜顶和顶杆等都先回到初始位置，才能防止干涉。模具设计了摆杆强制复位机构，并安装了行程开关（如图 5-13），以确保模具工作过程的安全性。摆杆强制复位机构的工作原理如下：开模后顶出时，推杆固定板推动摆杆绕轴旋转至图中双点划线位置；当合模时，如果推出系统没有复位，直推杆将推动摆杆旋转，同时带动顶出系统复位。

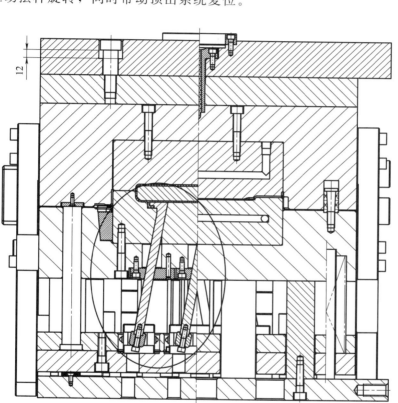

图 5-12 斜顶结构图

⑨ 三板模需要控制 PA 和 PB 两个分型面的打开次序及开模距离。因此需要了解三板模具结构要点。如图 5-14 所示，定距拉杆控制 PA 分型面打开的距离，其距离为 215mm。在定距拉杆的固定端 PA 分型面安装有弹簧，为 PA 分型面优先打开提供动力。为了保证 PB 分型面延迟取出 PA 分型面凝料（运动过程中制品和浇注系统凝料自动切断分离），在 PB 分型面两侧安装了四个锁模套（见图 5-15），利用锁模套提供的阻力保证 PB 分型面延迟打开。同时，从图中可以看出为了控制推件板的推出距离，设计了限位钉，限位距离为 12mm。

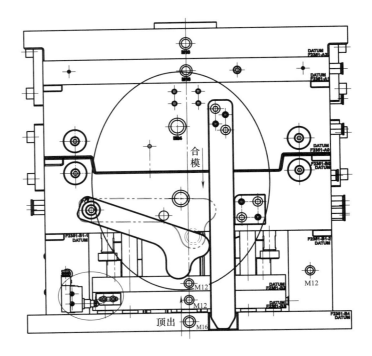

图 5-13　摆杆复位机构及行程开关

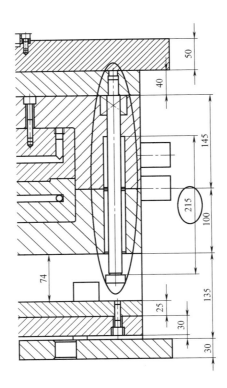

图 5-14　定距拉杆

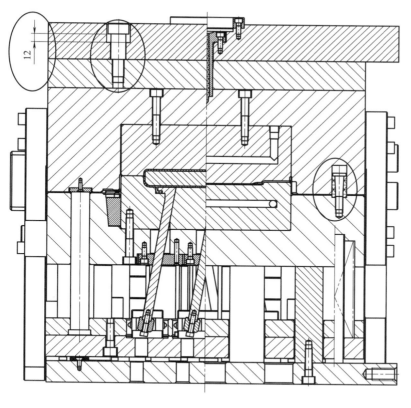

图 5-15　锁模套及限位钉

⑩ 了解模具推出、导向、辅助连接部分，然后根据零件序号及明细表确定各零件名称及数量。

⑪ 确定模具各部分的连接关系及连接方式，相关配合部分是否有紧配合。图 5-16 为装配图中主要的配合。导柱导套的定位采用 H7/k6 的过渡配合，有小过盈或小间隙；导柱导套的导向采用间隙配合，配合关系为 H7/g6；动模模仁和定模模仁采用两侧定位，对侧分别用侧楔块确保定位准确。

⑫ 查看技术要求，了解模具拆卸是否有特殊的要求。根据技术要求提示，要注意防止顶出机构与侧滑块干涉，并注意防止拆卸过程损伤零部件表面。

（5）规划拆装步骤

在熟悉模具结构后，根据图纸规则主要拆装步骤。一般步骤为先动定模分开，定模部分依次拆定位环、定模座板、浇口套、推件板、模仁、斜导柱，动模部分先拆动模座板，然后拆推出系统、垫块，最后拆侧成型镶块、模仁。

二、模具的吊装

用手将吊环旋入起吊块的起吊螺纹孔中，注意吊环要拧到吊环止口面

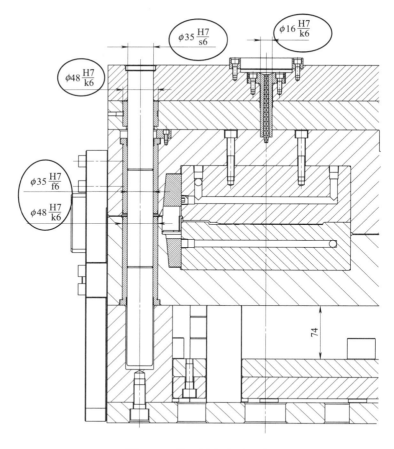

图 5-16 装配图中主要配合

与动模板对应平面紧密贴合，将模具吊至拆装工作台上，如图 5-17 所示。注意：吊装前要检查吊索具是否变形、开裂；不要使用定模板上的起吊螺纹孔，否则模具起吊时不平衡；操作时，注意周围人、物安全，行进时应注意高度。

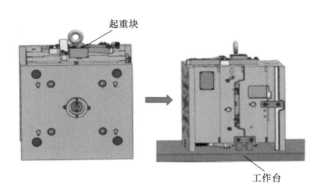

图 5-17 准备模具

三、模具拆卸

1. 打开模具

① 拆卸起重块。使用内六角拆下起重块，将起重块放置到零件区，摆放整齐，以便后续安装，螺钉放入分类箱中。见图 5-18。

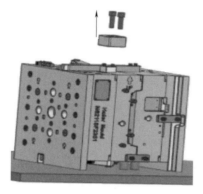

图 5-18　拆卸起重块

② 拆卸周围锁模块。用内六角扳手分别卸去锁模块固定螺钉，将零件分类存放，螺钉放入分类箱中。如图 5-19 所示。

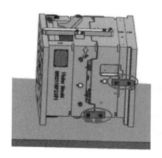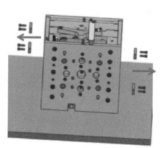

图 5-19　拆卸锁模块

③ 最后用撬棍撬模板之间四个角上的槽口，铜棒敲击定模座板四角，使模具均匀打开至动、定模完全分离。注意观察四个角分型面打开距离是不是一致，防止卡滞，如果难以判断卡滞位置，可以采用游标卡尺测量四个角分型面打开距离，打开距离小的一侧，说明有卡滞，在此侧轻轻敲击，使分型面打开的宽度一致；如果难以打开，可以将分型面打开较大的一侧往开模的反方向敲击，使之退回，再均匀用力对角循环敲击，如图 5-20 所示。

2. 拆卸定模

① 拆卸定位环。使用内六角扳手，拆定位圈螺钉，取下定位环，如图 5-21 所示。

② 翻转模具。定模座板面朝下放置，将 M24 长螺钉拧入定模板起重螺纹孔中，拧到底部，然后缓慢翻转模具，定模座板底部朝下。注意翻转过

学 习 笔 记

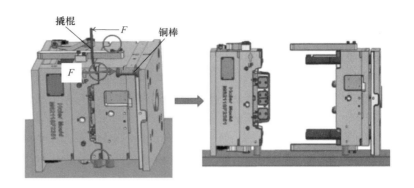

图 5-20　动、定模分离

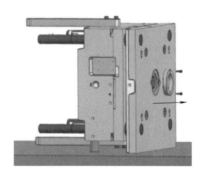

图 5-21　拆卸定位环

程要受控，缓慢落下，注意安全。完成后，卸去长螺钉，如图 5-22 所示。注意较大模具应使用翻模机实现模具翻转，以保证翻转过程安全。

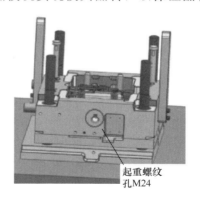

图 5-22　模具翻转后位置

③ 拆卸模脚。用内六角扳手卸去模脚的固定螺钉，取下模脚，如图 5-23 所示。

④ 拆卸强制复位长推杆。先将拔销器头部拧入销钉螺纹孔中，拧到底，然后拔出销钉，如图 5-24 所示。再用内六角螺钉拆卸固定螺钉，将两侧的长推杆卸下来，如图 5-25 所示。

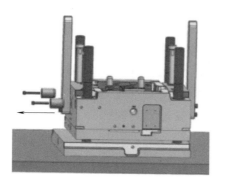

图 5-23 拆卸模脚

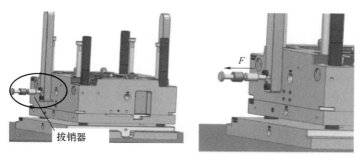

拔销器

图 5-24 拆卸销钉

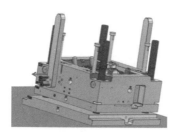

图 5-25 拆卸长推杆

⑤ 拆卸定距拉杆。用活动扳手卡口卡住定距拉杆头部的两个平面，旋转取出定距拉杆，如图 5-26 所示。

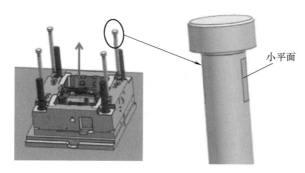

小平面

图 5-26 拆卸定距拉杆

⑥ 拆卸定模板组件，如图 5-27 所示。在定模板侧面有 "M24" 标记的螺纹中拧上四个起吊环，拧到底部后回转半圈，然后在吊环上安装 U 型环，将行车吊具开到模具中心正上方，行车的吊索与 U 型环连接，确认吊索没有交叉，缓慢起吊。当吊索绷紧时，停止，调整行车起吊中心与模具中心位置，使四根吊索受力均衡；然后点动，观察定模板组件是否平衡，若不平衡，调整行车起吊中心位置，用铜棒轻轻敲击卡滞一侧的定模座板压板平台，使定模板组件缓慢平稳脱出导柱，平放在工作台上，将推件板上四个小弹簧放到规定位置。注意安装行车起吊模具操作规程进行，保证过程安全。

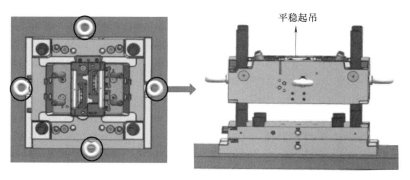

图 5-27　拆卸定模板组件

⑦ 拆卸浇口套。用内六角扳手拧松浇口套固定螺钉，将推杆对准尾部，铜棒轻轻敲击推杆，卸下浇口套，如图 5-28 所示。注意推杆直径稍微小于浇口尾部直径，端面要求平整。

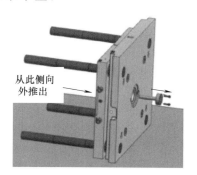

图 5-28　拆卸浇口套

⑧ 拆卸拉料杆。用内六角扳手卸掉拉料杆顶丝，推杆对准尾部，铜棒轻轻敲击推杆，从里侧推出拉料杆，如图 5-29 所示。

⑨ 拆卸推件板。用内六角扳手卸去四个定距螺钉，将组件翻转后水平放置，在推件板两相对侧面 "M16" 螺纹孔上拧上对应规格吊环，拧到底后回转半圈，再在吊环上安装对应规格的 U 形环，将行车起吊中心运行到模具中心正上方，吊索下降后将吊索与 U 形环连接，检测是否按照要求连接；确认无误后，缓慢起吊，吊索绷紧后，调整行车位置，使两根吊索受

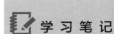

图 5-29 拆卸拉料杆

力均匀，点动起吊，如有卡滞，用铜棒敲击卡滞一侧的定模座板压台面，使推件板平稳脱出导柱，然后平稳放置在工作台上，如图 5-30 所示。注意安装行车起吊模具的操作规程进行，保证过程安全。

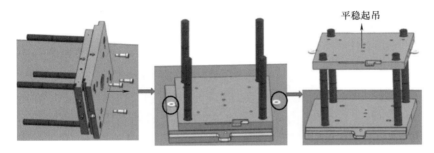

图 5-30 拆卸推件板

⑩ 拆卸斜导柱。用内六角扳手卸掉斜导柱的固定板，然后将拔销器前端螺杆拧入斜导柱前端螺纹孔中，拧到底后用拔销器将斜导柱拔出，如图 5-31 所示。注意拆之前观察是否有标记，如果没有，做好位置标记；拆卸过程中尽量保证用力方向与斜导柱重心线一致，不能用力过猛，快脱出时，轻轻用力，防止磕伤。

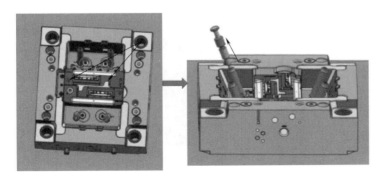

图 5-31 拆卸斜导柱

⑪ 拆卸定模模仁。先用内六角扳手对角拧松定模模仁固定螺钉，先拧松半圈；然后对角逐步拧松半圈左右，六个螺钉拧松感觉不到阻力时，快

53

速逐个拆卸螺钉；将组件翻转后水平放置，在模仁正上方的两个螺纹孔上拧上对应规格吊环，拧到底后回转半圈，再在吊环上安装对应规格的 U 形环，将行车起吊中心运行到定模板中心正上方，吊索下降后将吊索与 U 形环连接，检测是否按照要求连接；确认无误后，缓慢起吊，吊索绷紧后，调整行车位置，使两根吊索受力均匀，点动起吊，如有卡滞，用铜棒敲击卡滞一侧的定模板非工作面，使模仁平稳脱出定模板，然后平稳放置在工作台上，如图 5-32 所示。注意按照行车起吊模具的操作规程进行，保证过程安全。

图 5-32 拆卸定模模仁

图 5-33 拆卸点浇口套

⑫ 拆卸点浇口套。用内六角扳手卸掉两个点浇口套的固定螺钉，用拔销器将其取出，如图 5-33 所示。注意确认是否有安装位置编号，如果没有，需做好标记。

⑬ 拆卸定模模仁楔块。用内六角扳手拆掉模仁侧面的三个楔块的固定螺钉，将螺钉拧入楔块中间的工艺孔中，取出楔块，如图 5-34 所示

⑭ 拆卸密封圈。模仁卸出后，可以看到底部有六个密封圈。用镊子夹出密封圈，清理干净，密封圈及螺钉放入分类整理箱相应存放位置。如图 5-35 所示。

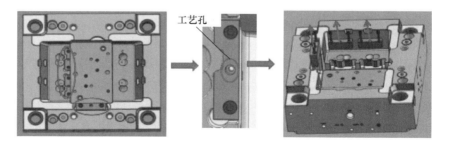

图 5-34 拆卸定模模仁楔块

⑮ 拆卸定模模仁小镶块。用内六角扳手卸掉固定螺钉，用两个长螺钉拧入螺纹孔中，拧到底，轻轻敲击长螺钉头部，使镶块平稳退出，欲脱出

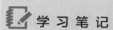

图 5-35　拆卸密封圈

时用手取出，如图 5-36 所示；然后取出底部 4 个密封圈。注意防止镶块掉落。

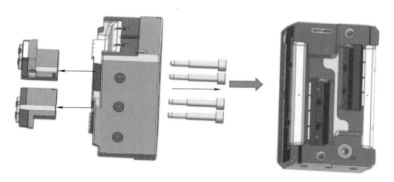

图 5-36　拆卸定模模仁小镶块

　　至此，定模部分拆卸完毕。需要说明的是水路堵头采用的是止水栓，若没有发生水流过小，或者止水栓处渗水、漏水，一般不进行拆卸；没有特殊要求，定模板上复位杆垫片一般不进行拆卸；定模座板上 4 根长导柱及相应导套，一般不进行拆卸。导柱导套如要拆卸，拆卸前需检查导柱上是否有标记，若无标记，需做好标记再进行拆卸。拆卸时使用铜棒进行敲击导柱头部，使之缓慢退出。注意用力时，用力方向与导柱轴线方向尽量一致。

　　3. 动模拆卸

　　① 翻转模具。动模座板面朝下放置，将 M24 长螺钉拧入动模板起重螺纹孔中，拧到底部，然后缓慢翻转模具，动模座板底部朝下。注意翻转过程要受控，缓慢落下，注意安全。完成后，卸去长螺钉。注意较大模具应使用翻模机实现模具翻转。

　　② 拆卸行程传感器组件。拆卸两侧行程开关及行程开关撞块的固定螺钉，取下后分类放置，如图 5-37 所示。

　　③ 拆卸摆杆组件。用内六角扳手卸去摆杆固定螺钉，取下摆杆组件，将轴套、摆杆及螺钉分类放置，如图 5-38 所示。注意对侧按照同样方法

图 5-37　拆卸行程传感器组件

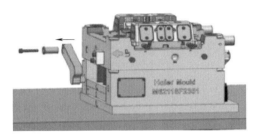

图 5-38　拆卸摆杆组件

拆卸。

④ 拆卸挡块。用拔销器取出挡块销钉后，用内六角扳手卸去挡块固定螺钉，取下挡块，零件分类放置，如图 5-39 所示。注意拆之前如果挡块没有标记，做好标记。

⑤ 拆卸模脚。拆卸模脚固定螺钉，取下模脚，零件分类放置，如图 5-40 所示。

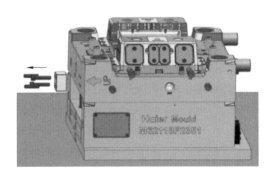

图 5-39　拆卸挡块

⑥ 拆卸推板导柱。推板导柱头部自带起拔螺孔，利用拔销器分别将其拔出，如图 5-41 所示。注意拆之前观察推板导柱是否有位置标记，如果没有，做好标记。

⑦ 拆卸动模锁紧长螺钉。使用内六角扳手拆卸动模座板与动模板固定长螺钉，要对角交替逐渐拧松各个螺钉，取下动模座板组件，如图 5-42 所

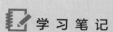

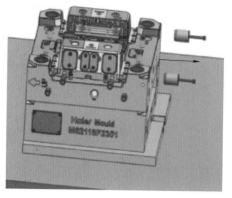

图 5-40 拆卸模脚

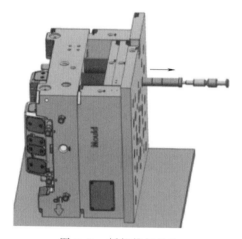

图 5-41 拆卸推板导柱

示。注意此螺钉紧固力大，如果用扳手拧不动，接套管，增加力臂长度，对角逐个拧松半圈到 1 圈，循环进行，待拧紧力减少后，去掉套筒，对角交替逐渐拧松螺钉；由于垫块与动模板有销钉，如果不能直接分离，用铜棒轻轻敲击动模座板对侧，使动模座板与垫块组件和动模板分离。

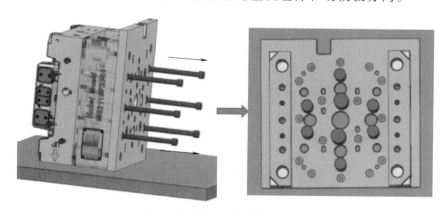

图 5-42 拆卸动模锁紧长螺钉

学习笔记

⑧ 拆卸垫块。用拔销器拆卸垫块销钉，然后用内六角扳手拆卸固定螺钉，分离垫块与动模座板，并用推杆顶出垫块上的销钉，如图 5-43 所示。

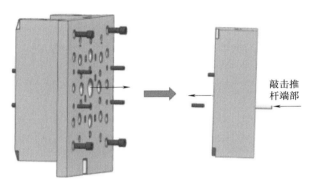

图 5-43　拆卸垫块

⑨ 拆卸斜顶固定螺钉。通过顶杆垫板后的过孔，用内六角扳手拆卸斜顶固定螺钉，如图 5-44 所示。先完全卸掉中间两个固定螺钉，其余四个交替逐渐拧松拆卸。由于复位弹簧有预压，因此需要均匀逐渐卸下螺钉。拆卸后，分离动模板组件与顶出组件。顶出系统组件如图 5-45 所示。

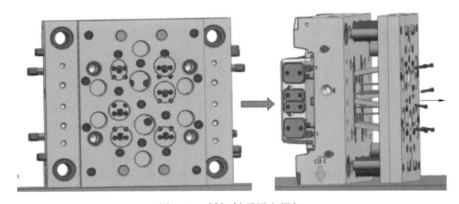

图 5-44　拆卸斜顶固定螺钉

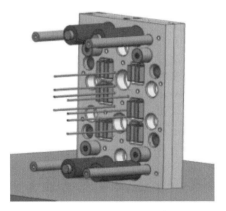

图 5-45　顶出系统组件

⑩ 从顶出系统组件上取下四个弹簧及弹簧保持柱，分类存放，如图 5-46 所示。

⑪ 拆卸推杆垫板固定螺钉。用内六角扳手拆卸推杆固定螺钉，如图 5-47 所示。

⑫ 取出复位杆及推杆。先观察推杆及复位杆是否有定位标记，如果没有，做好标记。然后取下推杆及复位杆，如图 5-48 所示。注意防止磕伤推杆及复位杆，取下后分类放置。

图 5-46　复位弹簧及保持柱

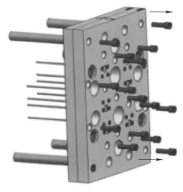

图 5-47　拆卸推杆垫板固定螺钉

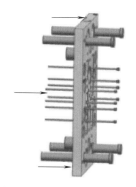

图 5-48　取出复位杆及推杆

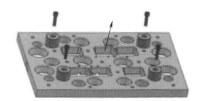

图 5-49　拆卸限位块

⑬ 用内六角扳手拆卸限位块固定螺钉，取下限位块，分类保存，如图 5-49 所示。

⑭ 用内六角扳手拆卸滑座固定螺钉，取下滑座组件；然后取出导套，如果导套较紧，用铜棒敲击辅助推杆将导套推出，分类保存，如图 5-50 所示。注意拆之前滑座及导套需要做定位标记。至此，顶出系统拆卸完成。

⑮ 做好位置标记，然后逐个取出斜顶，妥善存放，如图 5-51 所示。注意取出斜顶时，侧滑块必须处在开模位置，防止斜顶与侧滑块干涉；注意保护斜顶，防止磕伤。

⑯ 拆卸导向块。取出前，观察导向块是否有标记，如果没有，先做好

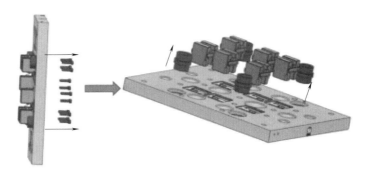

图 5-50　拆卸滑座组件及导套

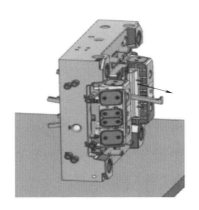

图 5-51　取出斜顶

位置标记，然后用拔销器取出定位销钉，再用内六角扳手卸掉紧固螺钉，取出导向块，如图 5-52 所示。一共六个，按照同样方法进行。

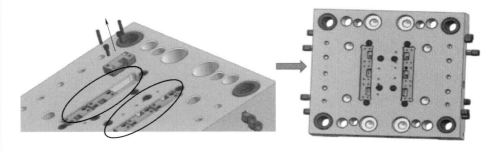

图 5-52　拆卸导向块

⑰ 拆卸侧滑块限位柱。用内六角扳手拆卸限位柱固定螺钉，取下限位柱，分类保存，如图 5-53 所示。

⑱ 拆卸侧滑块导滑块。取出前，观察导滑块是否有标记，如果没有，先做好位置标记；然后用拔销器取出定位销钉，再用内六角扳手卸掉紧固螺钉，取出两侧的导滑块，向上取出侧滑块组件，如图 5-54 所示。

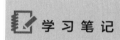

图 5-53　拆卸侧滑块限位柱

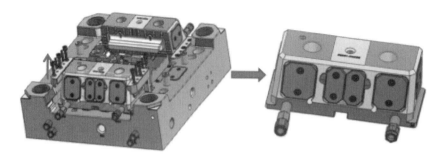

图 5-54　拆卸侧滑块导滑块

⑲ 拆卸侧推杆。观察侧推杆是否有位置标记，如果没有，做好标记；拆卸耐磨板固定螺钉，取下耐磨板，取出侧推杆及套在上面的弹簧，零件分类保存，如图 5-55 所示。用同样方法拆卸邻近的另一根侧推杆。

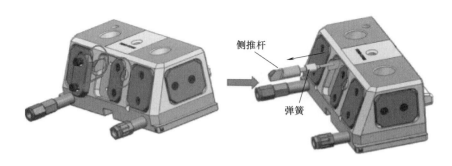

侧推杆

弹簧

图 5-55　拆卸侧推杆

⑳ 拆卸侧滑块耐磨板。先给每个耐磨板做好标记，然后用内六角扳手拆卸其固定螺钉，取出耐磨板，分类保存，如图 5-56 所示。

重复上述步骤拆卸另一侧侧滑块及组件。拆卸侧滑块后动模板组件如图 5-57 所示。

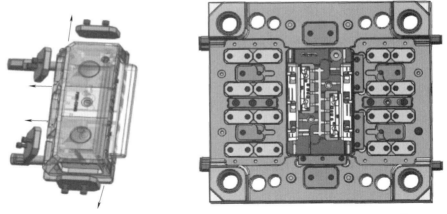

图 5-56　拆卸侧滑块耐磨板　　　图 5-57　拆卸侧滑块后动模板组件

㉑ 拆卸行位夹。用内六角扳手拆卸动模上行位夹，取出行位夹及销钉，分类放置，如图 5-58 所示。

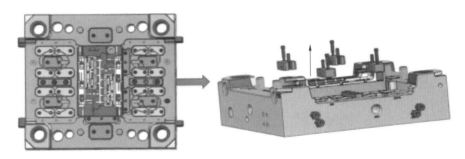

图 5-58　拆卸行位夹

㉒ 拆卸导板及导向块。先给每个导板及导滑向块做好标记，然后用内六角扳手拆卸其固定螺钉，取出分类保存，如图 5-59 所示。

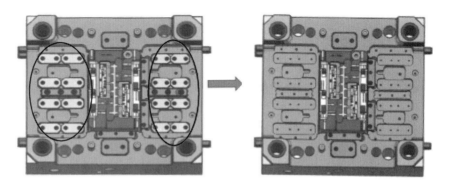

图 5-59　拆卸导板及导向块

㉓ 拆卸锁模套及承压板。用内六角扳手拆卸其固定螺钉，取出锁模套及承压板，分类保存，如图 5-60 所示。注意耐磨板需要做位置标记。

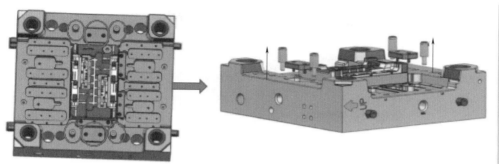

图 5-60　拆卸锁模套及承压板

㉔ 拆卸定模模仁楔块。用内六角扳手去掉模仁侧面的三个楔块的固定螺钉，用螺钉拧入楔块中间的工艺孔中，取出楔块，分类存放，如图 5-61 所示。

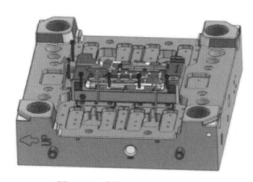

图 5-61　拆卸定模模仁楔块

㉕ 拆卸动模模仁。先用内六角扳手对角拧松动模模仁固定螺钉，先拧松半圈；然后对角逐步拧松半圈左右，六个螺钉拧松感觉不到阻力时，快速逐个拆卸螺钉；将组件翻转后水平放置，在模仁正上方的两个螺纹孔上拧上对应规格吊环，拧到底后回转半圈，再在吊环上安装对应规格的 U 形环，将行车起吊中心运行到动模板中心正上方，吊索下降后将吊索与 U 形环连接，检测是否按照要求连接；确认无误后，缓慢起吊，吊索绷紧后，调整行车位置，使两根吊索受力均匀，点动起吊，如有卡滞，用铜棒敲击卡滞一侧的动模板非工作面，使模仁平稳脱出动模板，然后平稳放置在工作台上，如图 5-62 所示。注意安装行车起吊模具的操作规程进行，保证过程安全。

㉖ 拆卸密封圈。动模模仁取出后，可以看到底部有两个密封圈。用镊子夹取出密封圈，清理干净，密封圈及螺钉放入分类整理箱相应存放位置，如图 5-63 所示。

至此，动模部分拆卸完毕。需要说明的是水路堵头采用的是止水栓，若没有发生水流过小或者止水栓处渗水、漏水现象，一般不进行拆卸；模具内导套一般不进行拆卸；没有特殊要求，动模座板上垃圾钉、支撑柱不

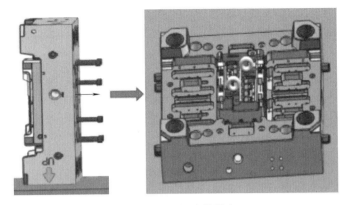

图 5-62　拆卸动模模仁

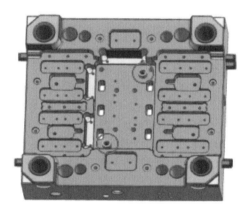

图 5-63　拆卸密封圈

进行拆卸。如要拆卸，拆卸前需检查导套是否有标记，若无标记，需做好标记再进行拆卸。拆卸时使用辅助杆顶住导套端面，铜棒敲击辅助杆另一侧，使之缓慢退出。注意用力时，用力方向与导套轴线方向尽量一致。

模具拆卸完成后，将零件分类整齐存放在零件存放区，对照装配图的明细表清点零件数量，确认无误后整理工具及量具，清理后放入工具车中，叠好图纸，收拾现场。

【知识延伸】

1. 三板模结构及工作原理介绍

点浇口是比较常用的一种浇口类型，如图 5-64 所示。点浇口具有浇口痕迹小、布置灵活、浇口废料与塑件自动分离等优点，得到了广泛的应用。由于浇注系统与塑件在开模过程中分离，浇注系统废料与产品分别脱出，因此需要两个分型面分别打开后，脱出浇注系统废料及产品，模具结构更复杂。通常点浇口采用三板模具结构。

典型三板模具结构如图 5-65 所示。从图中可以看出，在开模方向有两个分型面：PA 和 PB。分型面 PA 和 PB 先后打开。打开的先后次序由零件 4 和零件 25 控制。零件 4 是聚氨酯弹簧，在合模状态，聚氨酯弹簧被压缩，储存打开分型面的动力；零件 25 是锁模套，锁模套固定在动模板上，合模时锁模套与定模板上的孔过盈配合，使 PB 分型面需要克服锁模套与孔的摩擦力。因此，在开模时保证 PA 分型面先打开，见图 5-66。PA 分型面打开，点浇口与塑件在拉力作用下分离。当 PA 分型面打开到宽度达到 $L1$ 时，定距拉杆（零件 14）的头部底端将与定模上对应的孔底部平面接触，将限制 PA 分型面移动，而开模动作在继续，定距拉杆将拉动推件板（零件 12）移动，将拉料杆（零件 9）上的点浇口推出，推出的距离由限位杆（零件 3）确定，距离为 $L2$，点浇口废料从 PA 分型面取出，见图 5-67。继续开模，定模部分将不能移动，开模力克服锁模套的摩擦力，继续将分型面 PB 打开。分型面打开到设定距离后，顶出塑件，见图 5-68。

图 5-64　点浇口

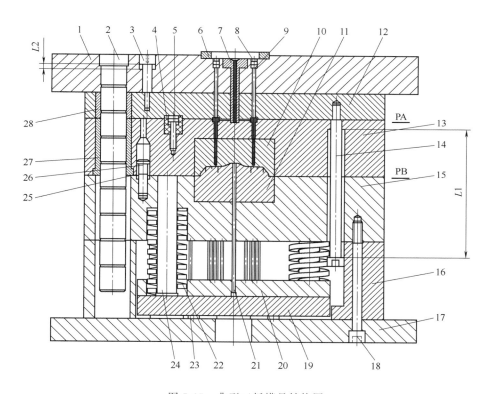

图 5-65　典型三板模具结构图

1—动模座板；2—导柱；3—限位杆；4—聚氨酯；5—内六角螺钉；6—定位环；

7—浇口套；8—顶丝；9—拉料杆；10—定模镶块；11—动模镶块；

12—推料板；13—定模板；14—定距拉杆；15—动模板；

16—垫块；17—动模座板；18—内六角螺钉；19—垫板；

20—推杆固定板；21—推杆；22—弹簧；23—垃圾钉；

24—复位杆；25—锁模套；26—螺钉；

27—带头导套；28—直导套

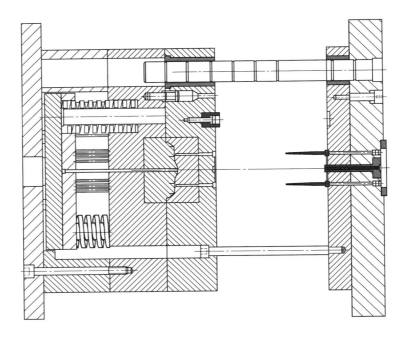

图 5-66　PA 分型面打开状态

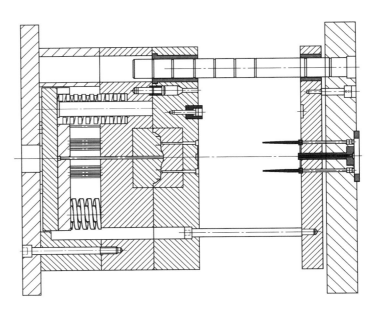

图 5-67　推件板推出废料状态

2. 侧抽芯三板模具拆卸要点

拆卸多个固定螺钉时，应先对角均匀拧松各个零件半圈左右，然后按照此方法，继续拧松螺钉，直到螺钉没有受力，方可直接逐个拧出螺钉。

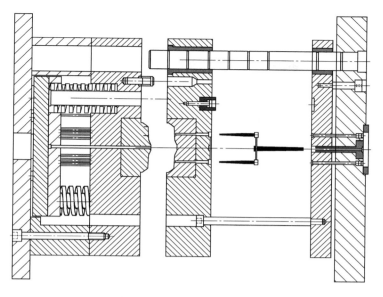

图 5-68　PB 分型面打开状态

斜导柱侧抽芯模具拆卸方法与常规两板模方法基本相同。模具打开后，定模部分侧抽部分有斜导柱及锁紧块。在定模座板与定模板打开后，可以将其拆卸下来。动模部分拆装时，将侧滑块定位装置、滑槽导滑块拆出后，取出侧滑块，去掉侧滑块上耐磨板，并拆出侧型芯。

斜顶拆卸时，要均匀逐渐拧松固定螺钉。在拆卸固定螺钉时，复位弹簧有预压导致顶出系统受力，该力在卸螺钉时释放。因此需要缓慢拧松螺钉，保持顶出系统的平稳。

三板模具拆卸时，要先了解其结构及装配关系，然后进行拆卸。采用辅助推杆，从螺钉沉头孔顶出镶块，辅助推杆直径小于沉头过孔直径 0.5～1mm，端面平整，使其断面与镶块底面稳定接触，然后用铜棒敲击辅助推杆的另一端。或者使用相同型号的长螺钉，将螺钉拧入要顶出的镶块中，一定要到用手拧不动的位置，让螺纹有足够的配合长度并不发生晃动，方可用铜棒轻轻敲击螺钉头部。不可使用过小直径推杆，顶在螺牙上，损失螺纹孔。在使用铜棒敲击辅助推杆时，不可用力过大，遵循对角原则，在各个螺钉孔位置均匀用力。注意观察镶块退出情况，使镶块均匀退出。镶块脱出时，要托住镶块，防止突然落出磕伤工件或人员受伤。

3. 注意事项

① 多个螺钉紧固连接时，拆卸时先按照对角位置逐个拆卸半圈，然后均匀卸载。

② 拆卸零件表面清理，易生锈零件作防锈处理。

③ 拆卸后零件要分类整齐摆放，对细小零件，装袋并做好标记。

④ 在定位要求高、有配作的零件，拆卸前要检查是否有标记，没有的需要先做好位置标记再拆。

任务六　模具保养

模具在连续工作中，型腔、型芯、滑块、顶杆、导柱、导套等零部件容易磨损、腐蚀和生锈，需要根据需求进行保养和维护。

一、零部件的保养

1. 成型零部件保养

① 用砂纸和油石打磨成型零部件表面以去除锈迹，如图 6-1 所示。注意使用高目数的砂纸和油石，目数越大越细腻；防止过度打磨，破坏表面质量精度。

图 6-1　零件表面锈迹

② 去除型腔和型芯上油污，先用喷有模具清洗剂的棉花擦拭油污部位，再用气枪吹干，清理干净后，要喷涂防锈剂。

2. 导柱的保养

① 用干净的抹布清除导柱表面残留的污油（含油环内残油）。

② 用砂纸打磨导柱表面以去除锈迹，如图 6-2。

图 6-2　导柱锈迹

③ 用手指将黄油均匀涂抹在导柱的四周。

二、顶出机构的保养

图6-3为顶针表面的锈迹，可用以下方法进行顶出机构的保养：

① 用干净的抹布和清洗剂将顶针擦拭干净。

② 用砂纸打磨导柱表面以去除锈迹。

③ 更换头部有损伤的顶针。

图6-3　顶针表面锈迹

三、侧向分型与抽芯机构的保养

① 滑块的保养。检查滑块滑动面是否有变形、磨损和错位等。将滑块表面清洁干净，用手指将黄油均匀涂抹在滑块工作面上。

② 斜导柱和斜导块的保养。用干净的抹布清除导柱和斜导块表面残留的污油，去除锈迹后均匀涂抹黄油。

③ 滑座的保养。用干净的抹布将滑座擦拭干净，之后均匀涂抹黄油，注意将将滑座油槽清洁干净。

【知识延伸】

模具的保养根据其工作状态可分为使用前、使用中和停机后几个阶段，下面对这几个阶段的保养工作进行说明。

1. 模具生产前的保养方法

① 模具组装之前，要对生锈的零部件进行除锈处理，特别是滑块、导柱、顶针、复位杆等运动零部件，并均匀涂抹黄油。

② 模具生产前要确保型腔、型芯、镶件、滑块等无异常，模具无漏水现象。

③ 模具生产前先让模具运行若干次，观察是否有异常，若发现异常，需由技术人员进行排查解决。

2. 模具生产中的保养方法

在正常生产中，可不定时用气枪吹去残胶或异物，以确保模具分型面干净，保证产品排气顺畅。

模具连续生产一定时间后，若运动零部件出现磨损、漏水腐蚀、塑料分解腐蚀或者润滑油变质等，需要拆下模具进行保养，保养内容：

① 除锈（型腔、型芯、顶针、滑块等）；

② 顶出机构及滑块等运动零部件要用干净抹布擦干，重新喷涂润滑剂；

③ 更换磨损件（如型腔、型芯、镶件、耐磨板、弹簧等）。

学习笔记

3. 停机时的模具保护

① 短时停机时，关闭冷却水，关闭马达；下班、短期放假停机时，还要关闭水阀，吹干净模具中的残留水。

② 模具要处于合模状态，但不能使用高压锁模，前、后模保持一定距离。喷足量的蜡性防锈剂。

③ 对于长时间停机或者要下模的模具，应在模具表面均匀喷洒防锈剂，避免生锈。

4. 模具日常维护保养

① 防锈：若模具零部件表面有水（模具漏水、冷凝水、雨淋等），应及时用干净抹布擦干，喷防锈剂，防止模具零部件生锈。

② 防撞：模具运行过程中，要防止模具合模时因推出机构未回退到位而撞坏。

③ 除刺：模具零部件因加工等原因造成的毛刺，要及时进行抛光处理。

④ 防压：模具合模前要确保型腔及浇注系统内无产品残留，避免模具压伤。

任务七 模具组装

一、准备工作

① 按照车间及实验室要求着装：穿好工作服，穿防砸劳保鞋，戴安全帽及手套。注意衣袖袖口要扣好。

② 装配工作场地整理及工具准备。将拆装工作台工作区域杂物清理干净，然后擦干净，保持台面整齐整洁；可以根据工作条件对工作进行分区，将工作台分为作业区、工具区、量具区、图纸区及零件存放区。检查工具车，查看所需拆装工具是否齐全。所需拆装工具包括内六角扳手、套筒、铜棒、防锈剂、抹布等；所需量具包括游标卡尺、水道检漏仪等。将用到的工量具整齐摆放到工作台相应区域。

③ 识读装配图，分析装配要点。

④ 装配前，需要对零件进行清理、擦拭；对配合尺寸需要进行检查；装配前要检查零部件的基准；多个螺钉拧紧时，需要交叉、对称、逐步、均匀紧固；推杆有编号，要注意安装时需要保证位置准确，装配好后推杆高出对应镶块面 0.05mm；侧滑块安装时，要保证侧滑块移动平稳，无卡滞；锁紧块的接触要保证均匀接触，并能保证相对位置准确。

⑤ 对零部件进行逐一擦拭，将铁锈、杂物等清理干净；对生锈的零件，要进行打磨除锈。

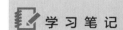

⑥ 仔细观察模具装配图中有配合要求的位置。从图中可以看出，导柱与定位孔的配合为 H7/k6，此配合为过渡配合，可能存在小过盈或小间隙；导柱导套的定位采用 H7/k6 的过渡配合，有小过盈或小间隙，装配时可能需要轻轻敲击，方能进入；导柱导套的导向采用间隙配合，配合关系为 H7/g6；成型镶块及浇口套的定位采用过渡配合，配合为 H7/h6，最小间隙为零，此位置装配时放入要平稳；推杆及复位杆前端采用间隙配合，配合关系为 H7/f6，最小间隙为 0.01mm，最大间隙为 0.02mm。因此装配时，要注意先将推杆放入配合位置，然后固定推板。逐一检查各有配合的零件，测量配合位置尺寸，考察是否满足配合要求。如推杆磨损，间隙大于材料溢边值，需要更换。

⑦ 在熟悉模具结构后，根据图纸讲述主要装配步骤。定模部分的安装大体为先装密封圈，然后安装模仁，检查密封性无问题后安装点浇口套、斜导柱、推件板、定距拉杆、浇口套、定模座板、定位环；动模部分安装步骤大体为安装密封圈、模仁，检查气密性，安装推出系统、动模座板，合模并安装锁模块。

二、定模部分装配

① 安装定模模仁内小镶块。将四个密封圈放入模仁安装槽底部安装位置，确定好方向后将小镶块放入，用内六角扳手将固定螺钉紧固，如图 7-1 所示。注意确认好位置，防止装反。

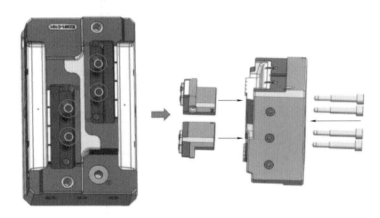

图 7-1　安装定模模仁内小镶块

② 安装定模模仁。将定模镶块清理干净，不能有异物、毛刺；将密封圈装入底部对应密封圈安装槽中，检查是否漏装；确定好安装基准面后，将模仁放入定模板安装位置，如图 7-2 所示；检查楔块的记号，确定各个楔块的位置，将楔块直面紧贴模仁侧面，另一侧斜面与模仁对应斜面贴合，放入安装位置，铜棒轻轻敲击，使模仁两个基准面紧密贴合定模板内安装基准面，然后用螺钉紧固楔块，如图 7-3 所示；安装底部模仁的紧固螺钉，

对角均匀锁紧，如图 7-4 所示。注意紧固螺钉时，两个方向的楔块均匀锁紧。

③ 漏水检查。水路按设计连接，水压达到 1MPa，保压 5min，没有降压为合格，见图 7-5。

学习笔记

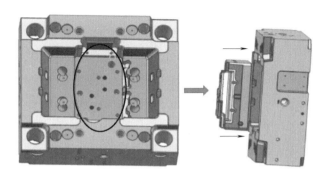

图 7-2　放入定模模仁

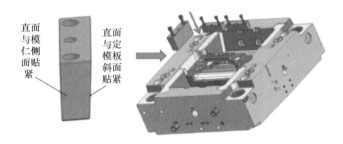

图 7-3　安装楔块

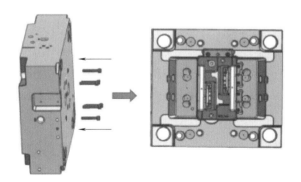

图 7-4　固定模仁

④ 安装斜导柱。按照斜导柱的位置标记将斜导柱放入相应的安装孔中，将其小平面与安装孔底部的小平面对齐，然后用压块小平面对准斜导柱侧面的平面，用螺钉紧固，如图 7-6 所示。采用同样的方法安装其它斜导柱。

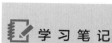

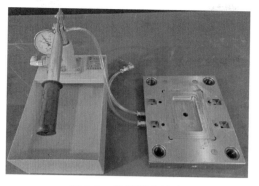

图 7-5　定模漏水检查

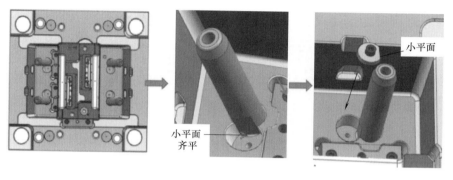

图 7-6　安装斜导柱

⑤ 安装点浇口套。将点浇口套从定模模仁底部安装孔中装入，然后用螺钉紧固，如图 7-7。

⑥ 安装推件板。确定好推件板与定模座板的安装基准，将推件板安装到定模座板上，然后安装限位螺钉，如图 7-8 所示。

⑦ 安装浇口套。将浇口套从定模座板底部的中心孔中放入，然后用螺钉紧固，如图 7-9 所示。

⑧ 安装拉料杆。将两个拉料杆从定模座板底部放入安装孔中，用顶丝螺钉进行固定，如图 7-10 所示。

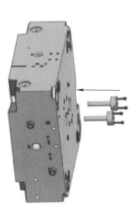

图 7-7　安装点浇口套

⑨ 安装定位环。将定位环放入定模座板底部安装孔中，用螺钉固定，如图 7-11 所示。

⑩ 安装定模板组件。将四个弹簧放入定模板底部的孔中，确定好基准面，定模板组件的导套与导柱配合，将定模板、推件板、定模座板安装到一起，如图 7-12 所示。注意安装基准面要统一。

⑪ 安装定距拉杆。将定距拉杆从定模板上孔中装入，并用扳手卡住定距拉杆头部的小平面，拧紧到位，如图 7-13 所示。安装好后，检查定距拉杆伸出分型面的长度是否一致，保证拧到位。

73

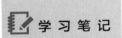

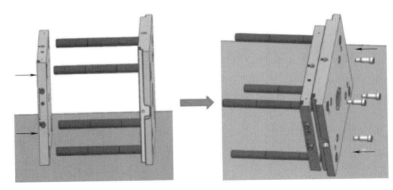

图 7-8　安装推件板

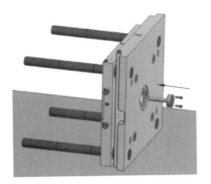

图 7-9　安装浇口套

图 7-10　安装拉料杆

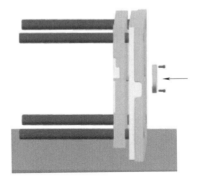

图 7-11　安装定位环

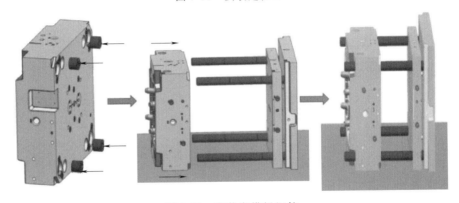

图 7-12　安装定模板组件

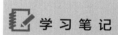

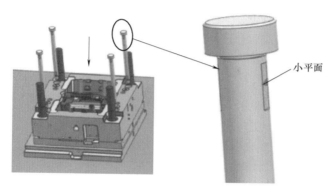

小平面

图 7-13 安装定距拉杆

⑫ 安装长推杆。先用安装长推杆的定位销钉，然后用螺钉紧固，对侧安装同样方法安装，如图 7-14 所示。

⑬ 安装模脚。安装定模板侧面的两个模脚，螺钉紧固，如图 7-15 所示。

至此，定模部分安装完成。检查基准是否在同一侧，各零件是否紧固到位。

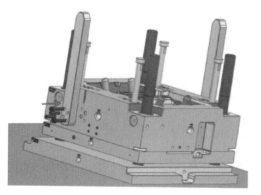

图 7-14 安装长推杆

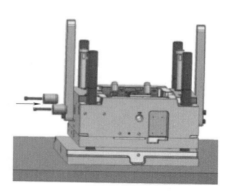

图 7-15 安装模脚

三、动模部分装配

① 安装动模模仁。将模仁及安装槽清理干净，不能有异物、毛刺；将两个密封圈装入底部对应密封圈安装槽中，检查是否漏装；确定好安装基准面后，将模仁放入动模板安装位置；检查楔块的记号，确定各个楔块的位置正确，将楔块直面紧贴模仁侧面，另一侧斜面与模仁对应斜面贴合，放入安装位置，铜棒轻轻敲击，使模仁两个基准面紧密贴合动模板内安装基准面，然后用螺钉紧固楔块；从底部安装模仁的紧固螺钉，对角均匀锁紧，如图 7-16 所示。安装完成后，采用定模组件的检漏方法进行漏水检查，如发生漏水，检查重新安装。注意紧固螺钉时，两个方向的楔块均匀锁紧，底部的固定螺钉锁紧。

75

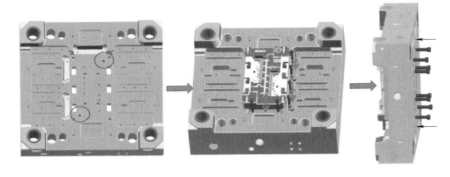

图 7-16　安装动模模仁

② 安装斜顶导向块。确定好各个导向块的定位标记，将导向块放入动模板的安装孔中，销钉进行定位，然后用螺钉进行紧固，紧固完成后将斜推杆对号放入，检验斜推杆滑动是否顺畅。如图 7-17 所示。

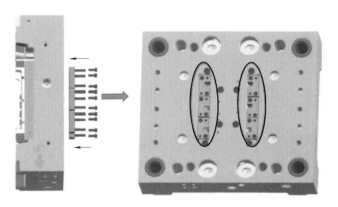

图 7-17　安装斜顶导向块

③ 安装垫块。确定垫块安装位置标记，将垫块通过销钉定位到动模座板上，然后用螺钉紧固，如图 7-18 所示。

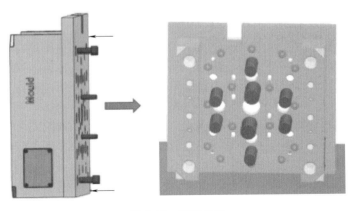

图 7-18　安装垫块

④ 安装斜顶滑座。根据斜顶滑座的位置标记，将滑座放入推杆垫板对应安装位置，并紧固螺钉，在紧固螺钉的同时滑动斜顶座内的导滑块，确保在紧固的同时滑动顺畅。如图 7-19 所示。

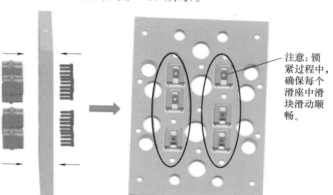

注意：锁紧过程中，确保每个滑座中滑块滑动顺畅。

图 7-19　斜顶滑座安装

⑤ 安装顶出系统导套。在推杆垫板上安装四个导套，注意平稳放入后铜棒轻轻敲击，如图 7-20 所示。

⑥ 安装顶出限位块。在推杆固定板上安装四个顶出限位块，用螺钉固定，如图 7-21 所示。

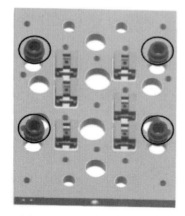

图 7-20　安装顶出系统导套

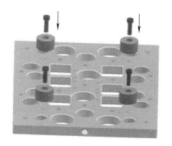

图 7-21　安装顶出限位块

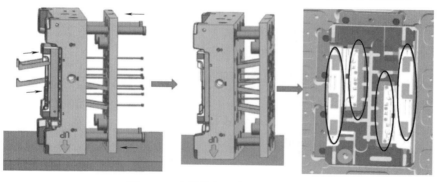

图 7-22　安装推杆、复位杆及斜顶

学 习 笔 记

77

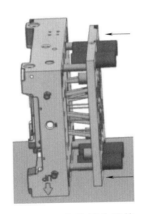

图 7-23　安装复位弹簧

⑦ 安装推杆、复位杆及斜顶。将推杆固定板与动模板基准对齐；确定各零件的位置标记，装上复位杆、推杆及斜顶，让其工作部分与型面差不多平齐，组装过程中确保复位杆、推杆及斜顶松紧合适滑动顺畅，如图 7-22 所示。注意顶杆头部的定位及位置正确。

⑧ 安装复位弹簧。将四个复位弹簧对应装入弹簧孔，如图 7-23 所示。

⑨ 安装推杆垫板。此时弹簧有预压，用加长螺钉分别采用对角对称方式紧固 4 个斜顶，给推板提供力，以克服弹簧预压力，将推杆垫板与推杆固定板之间的距离逐渐收缩，直至能够旋合两板之间的固定螺钉为止，旋合拧紧两板的固定螺钉后，取出长螺钉，更换斜推杆螺钉并带弹性垫圈拧紧，均匀锁紧推板固定螺钉，如图 7-24 所示。

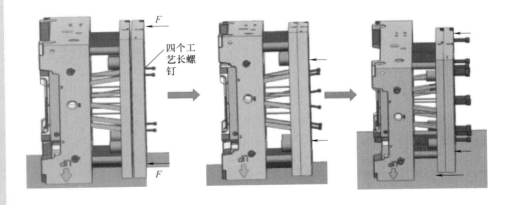

图 7-24　安装推杆垫板

⑩ 安装弹簧保持柱。将弹簧保持柱从推板垫板后面复位弹簧孔位置放入弹簧中，放入到位，如图 7-25 所示。

⑪ 安装动模座板组件。在垫块上安装销钉，然后将动模座板组件安装到动模上，从后面用铜棒敲打装入推板导柱，装入导柱后在对角均匀收紧螺钉，要有加力装置拧紧，如图 7-26 所示。

⑫ 安装侧滑块耐磨板。根据耐磨板上的安装位置标记，安装侧滑块侧面四块耐磨板，并固定，如图 7-27 所示。

⑬ 安装侧推杆。将弹簧套在侧推杆上，根

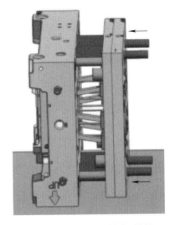

图 7-25　安装弹簧保持柱

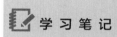

据位置标记安装侧推杆，用耐磨板压紧小平面，螺钉固定，底部安装两个销钉，如图 7-28 所示。

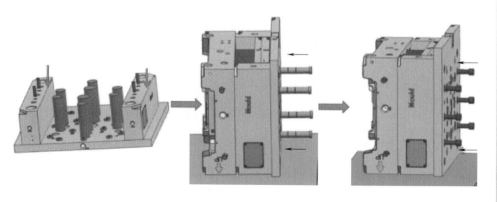

图 7-26　安装动模座板组件

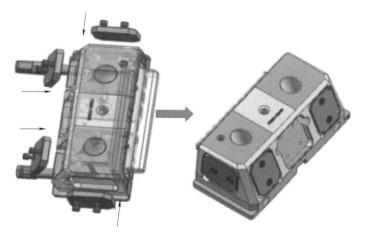

图 7-27　安装侧滑块耐磨板

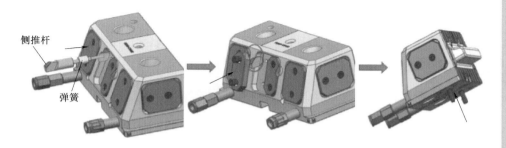

图 7-28　安装侧推杆

⑭ 安装导滑键及导滑板。确定各个导滑键及导滑板的位置标记，对号入位，用螺钉锁紧，如图 7-29 所示。

⑮ 安装行位夹。在动模板上安装四个行位夹，如图 7-30 所示。

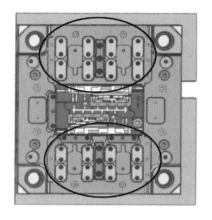

图 7-29　安装导滑键及导滑板

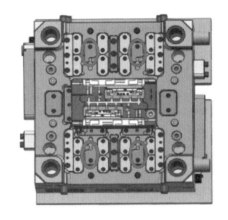

图 7-30　安装行位夹

⑯ 安装侧滑块组件。将侧滑块组件安装到动模板上，先安装两侧导滑块销钉，然后用螺钉紧固，如图 7-31 所示。另一个按照同样方法安装。注意，安装完后，检测侧滑块是否能顺利平稳移动，如发生卡滞，检查原因，重新安装。

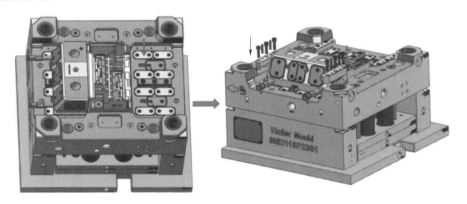

图 7-31　安装侧滑块组件

⑰ 安装侧滑块限位柱。安装侧滑块的四个限位柱，用螺钉固定，如图 7-32 所示。

⑱ 安装锁模套及耐磨板。安装四个锁模套，螺钉紧固，安装分型面上两个耐磨板，螺钉固定，如图 7-33 所示。

⑲ 动模整体动作验证。动模整体动作验证前，必须确认侧滑块是否处于开模限位位置，从模仁上面可以看到斜顶头部，以防止顶出时发生干涉、撞坏模具，如图 7-34 所示。将动模安装到顶出设备，测试复位杆、斜顶及顶杆的运动状态，如图 7-35 所示。在对动模进行空动作验证时，观察各部分动作是否顺畅无卡滞及异响，保证模具无错装、无漏装、无干涉。如有异常查找原因，直至消除。

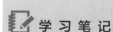

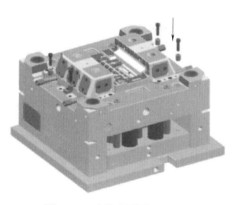

图 7-32 安装侧滑块限位柱

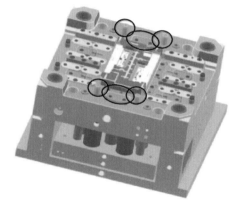

图 7-33 安装锁模套及耐磨板

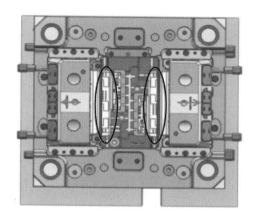

图 7-34 侧滑块移动到开模限位位置

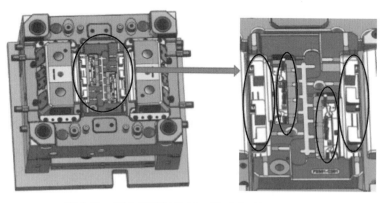

图 7-35 顶出测试复位杆、斜顶及顶杆运动状况

⑳ 安装挡块。确认挡块上的位置标记，用销钉将挡块定位到动模板安装位置，用螺钉紧固，如图 7-36 所示。另一侧用同样方法安装。

㉑ 安装复位摆杆。将摆杆头部凸出圆柱放在顶杆固定板的上表面上，另一端的轴孔对准动模板侧面的安装孔，放入轴套，用螺钉紧固，如图 7-

37 所示。另一侧按照同样方法安装。注意检查摆杆是否能灵活绕轴摆动。

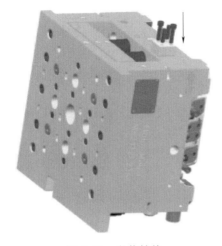

图 7-36　安装挡块

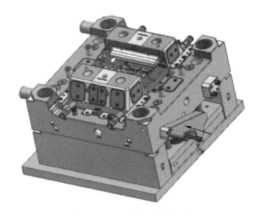

图 7-37　安装复位摆杆

㉒ 安装行程传感器组件。安装两侧行程开关及行程开关撞块，用螺钉固定。先安装行程开关，然后将行程开关撞块压紧行程开关的触头，固定行程开关撞块，如图 7-38 所示。

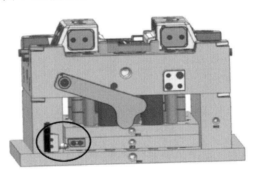

图 7-38　安装行程传感器组件

㉓ 安装模脚。安装动模模脚，用螺钉紧固，如图 7-39 所示。

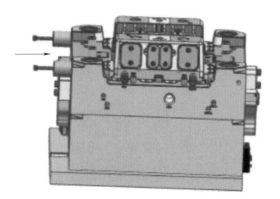

图 7-39　安装模脚

至此，动模部分安装完毕，检测是否有零件遗漏，侧滑块是否处于开模位置，防止合模时与斜导柱发生干涉。

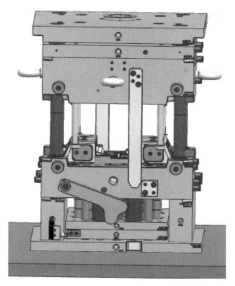

图 7-40　合模

四、合模

合模前，检查动、定模安装是否正确，是否有遗漏部分，紧固螺钉是否紧固，侧滑块是否处于开模位置。

将动模部分竖直放置，在定模板侧面的四个起吊螺纹孔上拧上对应规格吊环，拧到底后回转半圈，再在吊环上安装对应规格的 U 形环，将行车起吊中心运行到定模板中心正上方，吊索下降后将吊索与 U 形环连接，检测是否按照要求连接；确认无误后，缓慢起吊。吊索绷紧后，调整行车位置，将模具吊到翻模机上翻转；翻转后将行车起吊中心运行到定模板中心正上方，四根吊索与 U 形环连接，点动起吊；然后将定模部分吊到动模位置，使模具动、定模的中心尽量重合。合模的基准面对准后，缓慢下降，观察导柱进入导套情况，调整位置，使四根导柱平稳进入导套；随着定模继续合模，观察两侧长推杆与挡块位置，保证无干涉；继续合模，密切关注斜导柱进入侧滑块上斜导柱孔的状态，如有卡滞，立即停止；若没

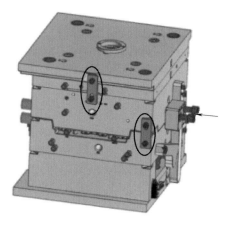

图 7-41　安装起重块及锁模板

有问题，继续合模至动、定模分型面贴合，如图 7-40 所示。注意按照行车

起吊模具的操作规程进行，保证过程安全；发现卡滞干涉现象立即停止，查找原因。

然后安装起重块及锁模板，合模到位后，安装锁模板及起重块，如图7-41所示。锁模板四块，起重块一块。

将模具转运到存放位置，整理工具及量具，清理后放入工具车中，叠好图纸，收拾现场。

【知识延伸】

侧抽芯三板模结构复杂，装配难度更大。由于侧抽芯机构在侧抽芯时需要发生相对运动，因此要保证侧抽芯机构运动平稳、定位准确、复位可靠；斜顶在顶出过程中需要斜向移动，其固定座有转动及侧向移动，运动位置精度要求高；三板模有两个分型面，要保证分型面的打开位置及先后次序，此类模具一旦发生偏差，很可能损坏模具。模具装配的要点及安全注意事项如下。

① 了解三板模具各结构，熟知各零部件作用及装配关系。在分析装配关系时，一定要清楚零件的定位基准及定位关系。

② 分析相互配合的零件的对应关系，检验配合精度并调整修正。模具成型零部件组装时，应保证零件配合尺寸及形位要求。由于模具是单件小批量生产，不可能达到模具零件的高度互换，所以需要进行修配及调整。镶块装入时，一定要注意安装密封圈，装好后进行密封测试。有的侧滑块及斜推杆上也带有冷却水路，组件装配后要进行测试。

③ 侧型芯与侧滑块为组合关系，要先将侧型芯安装到侧滑块上，保证位置准确后固定。

④ 侧滑块安装到导滑槽时，要保证侧滑块能顺利平稳滑动，不能有卡滞。

⑤ 侧滑块的定位必须可靠。合模时，需要边合模边观察斜导柱与斜导柱孔的配合是否正常。

⑥ 斜推杆的滑座能在导滑槽中平稳移动。

⑦ 模体组装时要检查导柱及导套的配合情况，保证其相对移动时无卡顿。

⑧ 顶出机构组装时，要保证顶出系统各运动零件运动平稳、灵活，无卡滞现象；一般情况下推杆顶面低于型芯表面 $0\sim0.05$mm，复位杆顶面应高于分型面 $0.05\sim0.15$mm。

⑨ 模具总装时，检查分型面配合情况，应保证模具分型面与安装面的平行度小于 0.05mm。为防溢料，一般成型镶块的分型面高出模体分型面 0.5mm左右。

⑩ 安装时要注意模具各模板的基准标志，防止装反。

⑪ 如果推杆端面是曲面，要保证推杆的安装位置与拆卸时一致。

⑫ 锁紧块的工作斜面与侧滑块侧面在合模时能紧密贴合。

⑬ 斜推杆成型部分侧面与对镶块上的安装孔间隙不大于 0.02mm。斜推杆的滑座安装后，斜推杆能平稳移动。

项目三 注塑成型

学习笔记

【项目目标】

知识目标：

1. 操作安全注意事项；
2. 掌握自动化生产设备结构及工作原理；
3. 掌握自动化生产流程；
4. 掌握塑件缺陷产生原因。

技能目标：

1. 能够通过调试工艺参数解决塑件缺陷；
2. 能够处理简单注塑生产异常问题。

【项目引入】

注塑车间生产技术员小王接到注塑生产任务，需要利用注塑成型自动化生产线进行产品的生产，小王需要掌握注塑成型自动化生产线的组成和工作流程，能够对生产线上的注塑设备进行操作，同时还能够分析塑件缺陷产生的原因，并能通过调整工艺参数解决缺陷。

任务八 注塑生产自动化认知

注塑自动化生产线是指将注塑机和辅助注塑设备按照工艺连结起来，实现注塑生产的全自动成型，包含中央供料系统、传送系统、注塑机等。

一、中央供料系统认知

中央供料系统又称集中供料系统、自动送料系统，是一套用于注塑成型的自动化原料预处理以及输送设备，是注塑自动化生产线运行的核心部分，能够实现不间断供料，保证无人化连续成型。主要包含中央控制系统、除湿干燥系统、储料系统和输送系统。中央供料系统能够对所有机台进行集中控制，具有储料、干燥、输送和注塑一体化功能。中央供料系统中一台注塑机可连结一条原料管道，也可连结多条原料管道，如图8-1所示。

图 8-1　注塑生产自动供料系统

1. 中央控制系统

中央控制系统即中控台，可以对整个系统运行参数和状态进行编辑，并能监控各个设备运行情况，同时具备报警提示功能，显示故障原因，如图 8-2 和图 8-3 所示。

图 8-2　中控台

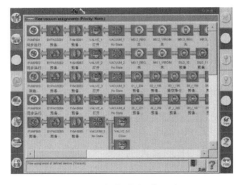

图 8-3　中控台操作面板

2. 除湿干燥系统

除湿干燥系统由干燥筒和除湿干燥机组成，用于原料的干燥，如图 8-4 所示。

图 8-4　除湿干燥系统

3. 输送系统

输送系统是由真空泵、原料分配站和上料机组成。真空泵为需求材料的注塑机或者干燥机提供真空，能够有效防止除湿干燥后的原料回潮。原料分配站是通过多个快速插头和管道将储料桶中的各个原料分配到上料机中，中控台的选料功能实现材料分流和变更，管道直接把材料送进上料机和干燥仓的一体机里，一体机干燥直接进入注塑机。如图 8-5 和图 8-6 所示。

图 8-5　储料桶

图 8-6　原料分配站

二、中央供料系统运行流程

中央供料系统采用的是真空传送方式，首先由上料机输出需料的信号，中控台得到信号后控制真空泵和上料机运行，将塑料原料从储料罐经过集中管路系统输送到中央除湿干燥系统，再将干燥后的原料通过分配站输送到每个工位的注塑机料筒中，如图 8-7 所示。

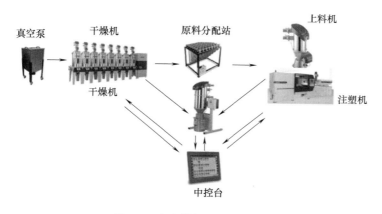

图 8-7　中央供料系统流程图

三、传送系统

1. 机械手

注塑机机械手用于注塑生产时的自动取料，具有提高注塑成型机的生

图 8-8　机械手

产效率、稳定产品质量、降低废品率、降低生产成本等作用，如图 8-8 所示。

机械手使用注意事项：

① 操作人员必须在岗前培训合格后操作机械手。未经培训严禁操作机械手；

② 开机前检查机械手气路是否接通；

③ 伺服电机回原点后，要适当调整速度，以手臂在运转中不摆动为准；

④ 时间和气压参数的调整要做到保证周期时间最短，又能正常取出产品；

⑤ 调对位置时要控制速度和压力，防止因为速度过快或者压力过大造成模具和机器损坏，甚至人员受伤；

⑥ 位置调到规定的调整值时，数据要输入保存；

⑦ 机械手要与注塑机先进行联动试运行，若出现异常情况，立即按急停按钮；

⑧ 不使用机械手时，必须把机械手臂置于安全位置，以防落下损坏，甚至导致人员受伤；

⑨ 遥控器要放置在指定位置，不可随意乱放；

⑩ 定期清洁机械手皮带，导轨，加注润滑油。

2. 传送带

传送带是用于自动输送物料的设备，又称输送机。机械手将塑件从注塑机中取出后放到传送带，实现自动取料和送料，如图 8-9 所示。

图 8-9　传送系统

【知识延伸】

1. 行车吊索具

行车也叫天车，是横架在车间上方吊运模具的机械设备，如图8-10所示。行车通过吊索具来进行模具的吊装，吊索具是行车主体与被吊物之间的连接件，也是吊索和吊具的统称，包括钢丝绳、卸扣、吊环、吊钩等。

图8-10　注塑工厂行车

（1）钢丝绳

钢丝绳能够传递长距离的负载，自重轻，承载安全系数大，使用安全可靠。钢丝绳使用前要检查核对规格和型号，承载力不能超过许可工作载荷，外观要平直，如图8-11所示，不能出现扭曲、损坏等现象。

（2）卸扣

卸扣是索具的一种，是机械工程中常用的连接器材，如图8-12所示。使用卸扣时要注意要避开设备棱角，严禁侧向受力，一旦受损禁止焊接修补。

图8-11　钢丝绳

图8-12　卸扣

（3）吊环

吊环是用于连接锁具的连接装置，外观如同一个圆环，如图8-13所示。吊环的材料通常需要有很高的抗拉强度，一般为钢制结构。吊环使用时要确保螺纹和金属底座咬合完好，吊环与提升物体之间不能有缝隙。禁止使用任何部位有损伤的吊环，禁止在吊环与安装面使用垫片。

（4）吊钩

吊钩最常用的一种吊具，借助于滑轮组等部件挂在起升机构的钢丝绳上，如图 8-14 所示。吊钩使用时要确保安全舌的弹簧状态完好，能使安全舌抵住吊钩的尖端，安全舌不能压在负载下，吊钩称重钩处不能有过度磨损。

图 9-13 吊环

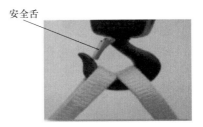

安全舌

图 8-14 吊钩

2. 注塑模具吊装工艺标准

① 吊运模具前，首先对吊具、吊环、U 形环进行完好性检查，根据模具重量选择合格且载荷达标的吊运工具进行吊装作业；

② 吊环与模具吊环装配孔必须完全螺纹扭转紧固到位，回转半圈；

③ 吊环与 U 形环锁环螺丝处接触吊运，不得反方向吊运；

④ 吊运模具运行时，离地不能超过 30cm；

⑤ 人员保持模具 3m 以外操作行车控制手柄；

⑥ 吊运结束后，需要人工控制落点位置和方位时，人身体离被吊物品覆盖面 0.5m 以外距离，伸手慢慢调整落点位置；

⑦ 吊运全程应有不少于两人在现场监督作业，一人操作行车，一人从不同方位观察模具吊运过程中状态变化，有异常应立即停止吊运。

任务九　工艺参数调试

一、原料的准备

（1）原料的预检

① 检查所用原料的品种、规格、牌号等。

② 检验原料色泽、粒子大小及均匀性等。

③ 检验原料熔融指数、热稳定性等工艺参数。

（2）干燥处理

根据原料情况，将需要去除水分的原料及其添加剂放入干燥机中进行干燥处理。

（3）配料

按照配料单进行配料，注意原材料添加顺序。

二、设备、模具的检查

（1）检查注塑机水路、电路、油路、气路供给是否正常，如图 9-1 所示。

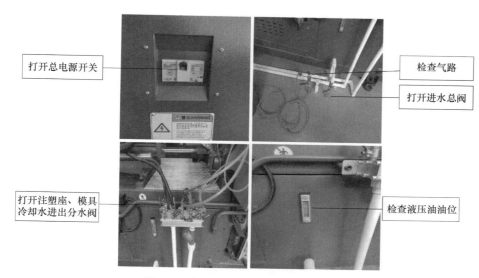

打开总电源开关

检查气路

打开进水总阀

打开注塑座、模具冷却水进出分水阀

检查液压油油位

图 9-1　检查水路、电路、油路、气路

（2）检查模具、辅机等相关水路、电路、油路、气路连接是否正常。

① 检查加料斗内是否有上一批生产残余的原材料，若有要清理干净，如图 9-2 所示。

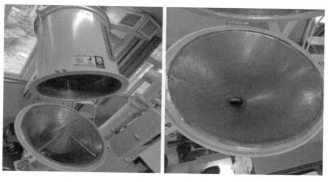

图 9-2　检查加料斗内是否有物料残余

② 检查模具及主流道内是否有异物，若有用铜制工具清理干净。
③ 检查模具开模位置、开关模速度、开关模压力设置是否合理。
④ 检查模具高压锁模压力、位置是否正常，是否需要重新调模。

三、安全机构的检查

① 前安全门的检查：启动油泵打开模具，打开前安全门，点动合模键，此时模具应处于静止状态；
② 后安全门的检查：启动油泵，打开后安全门后油泵停止，证明后安全门工作正常；
③ 急停按钮的检查：在注塑机油泵启动的情况下，按下急停按钮，设备电源切断，停止工作，旋钮旋起，可重新将设备电源接通；

学 习 笔 记

④ 其他安全装置的检查，如人体红外安全感应装置、注塑喷嘴防护
罩等。

四、注塑工艺参数的设置

① 温度参数的设置，包括料筒温度的设置、喷嘴温度的设置、模温机
温度设置，温度设置好后点击加热启动按钮，如图 9-3 所示。

图 9-3　温度参数的设置界面

② 储料（熔胶）参数的设置，包括储料位置、储料压力、储料速度、
背压、螺杆松退等参数，如图 9-4 所示。

③ 注塑参数的设置，主要包括注塑压力、注塑速度、注塑时间等；保
压参数的设置主要包括保压压力、保压速度、保压时间等，如图 9-5 所示。

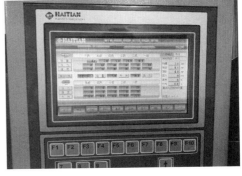

图 9-4　储料、螺杆松退设置界面　　图 9-5　注塑参数、保压参数设置界面

④ 冷却时间的设置，冷却时间设置界面如图 9-6 所示。

⑤ 托模参数的设置，主要包括托模位置、托模速度、托模压力、托模
方式、托模次数等，托模（顶针）参数设置界面如图 9-7 所示。

五、注塑参数调试

首先按照要求输入工艺参数。

① 手动方式进行储料，然后对空注塑 2～3 次，一方面观察判断物料塑

化是否良好，如图9-8和图9-9所示。另一方面观察对空射出的物料是否夹杂有上一批次的物料，若无问题可继续进行调试生产。

图9-6　冷却时间设置界面

图9-7　托模（顶针）参数设置界面

② 手动方式试生产，先将模具锁紧，完成储料动作后注塑座前进，使喷嘴与浇口衬套贴紧，一直按住射出键直至注塑动作完成进入保压，完成保压后再将手放下，产品进入冷却，随后开模取出产品，通过外观、试样温度初步判断前面工艺参数设置是否合理，若无明显问题继续调试生产。

③ 查看产品，微调参数。

④ 调整参数，再试制。在喷嘴与浇口衬套贴紧的状态下，将半自动启动开关处的旋钮旋紧，开闭安全门启动半自动方式生产，如图9-10所示。

图9-8　物料塑化不良

图9-9　物料塑化充分

检查半自动方式生产产品质量，有质量问题则需重新调整相关工艺参数，直至生产出合格产品。

半自动方式生产出合格产品后，若产品托模后能自动掉落、脱离模具或通过机械手取样，可进行全自动试生产。

记录半自动状态下产品的注塑工艺关键参数，形成产品注塑工艺

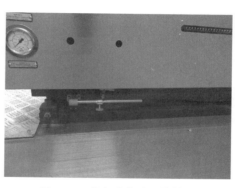

图9-10　半自动启动开关旋钮

指导书，并做好调试生产记录。

调试生产结束，进入正式生产或者按照程序完成关机。

最后下模，清洗料筒，关机，整理操作现场（如工具归位、劳保用品归位、卫生清理）。

【知识延伸】

1. ABS 手机支架的注塑成型案例

（1）原料准备工作

① ABS 的烘干。根据生产任务将一定重量的 ABS 放入鼓风干燥器内烘干，温度 80℃，时间根据料量一般控制在 2～4 小时。

② 配色相关准备工作。根据产品目标颜色，称量相应重量的色粉或者色母粒，与经过干燥的 ABS 按照一定比例低速搅拌，混合均匀。

（2）模具检查准备

① 检查手机支架模具是否在注塑机上就位，检查模具压板螺母是否有松动，若有松动及时扭紧。

② 合模操作，检查模具是否锁紧，若未锁紧，需进行调模使模具能够实现高压锁模。

③ 设置开关模压力、速度、位置参数，在保证产品顺利取出的情况下，设置模具最大开合距离；在保证开合模动作过渡顺畅、设备无振动、无异响的前提下提高开合模速度。

（3）注塑成型参数设置

① 设置温度参数：前段 190℃，中段 220℃，后段 210℃，喷嘴 190℃。

② 设置储料参数：根据产品重量设置储料位置、同时设置储料速度、储料压力、背压等参数。

③ 设置螺杆后退参数：若直通式喷嘴无明显流延现象，可不设置螺杆后退距离。

④ 设置注塑压力 80MPa，注塑时间 2s。

保压参数参考范围：保压压力 20MPa，保压时间 10s。

冷却时间参考：20s。

（4）注塑调试生产

① 物料塑化情况检查：在手动模式下，先对空注射 1～3 次，观察物料是否塑化良好、是否有其他杂料混入。若有杂料混入，增加对空注射次数直至纯净的 ABS 料射出。

② 产品生产调试：手动完成 1～2 模产品的试生产，检验前期参数设置是否合理，根据产品质量情况微调参数。随后切换进入半自动模式开始试生产，检验参数设置是否合理，根据产品质量微调工艺参数，直至可以半自动生产出合格产品。

③ 工艺参数的记录：在产品正常能够半自动生产的情况下，将设备与注塑工艺参数相关的参数记录，形成产品工艺卡。随后转入批量生产。

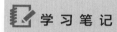

ABS 手机支架注塑件如图 9-11 和 9-12 所示。

图 9-11 手机支架组装图

图 9-12 手机支架零件图

2. PC 车灯的注塑成型案例

（1）原料准备工作

① PC 的烘干。根据生产任务将一定重量的 PC 放入鼓风或真空干燥器内烘干，温度 110～120℃，时间根据料量一般控制在 8 小时。

② 配色相关准备工作。根据产品目标颜色，称量相应重量的色粉或者色母粒，与经过干燥的 PC 按照一定比例低速搅拌，混合均匀。

（2）模具检查准备

① 检查模具成型部分、滑动部分、抽芯顶出机构、热流道系统、冷却系统、分型面、热处理、模具外观等。

② 检查车灯模具是否在注塑机上就位，检查模具压板螺母是否有松动，若有松动及时扭紧。

③ 合模操作，检查模具是否锁紧，若未锁紧，需进行调模使模具能够实现高压锁模。

④ 设置开关模压力、速度、位置参数，在保证产品顺利取出的情况下，设置模具最大开合距离；在保证开合模动作过渡顺畅、设备无振动、无异响的前提下提高开合模速度。

PC 车灯零件模具合模和开模状态如图 9-13 和图 9-14 所示。

图 9-13 PC 车灯零件
模具合模状态

图 9-14 PC 车灯零件模具开模状态

（3）注塑成型参数设置

① 设置温度参数：前段 240℃，中段 300℃，后段 310℃，喷嘴 300℃。

② 设置储料参数：根据产品重量设置储料位置、同时设置储料速度、储料压力、背压等参数。

③ 设置螺杆后退参数：若直通式喷嘴无明显流延现象，可不设置螺杆后退距离。

④ 射胶参数参考范围：设置注塑压力 180MPa，注塑时间 3.8s。

⑤ 保压参数参考范围：保压压力 45MPa，保压时间 3s。

⑥ 冷却时间参考：25s。

（4）注塑调试生产

① 物料塑化情况检查：在手动模式下，先对空注射 1～3 次，观察物料是否塑化良好、是否有其他杂料混入。若有杂料混入，增加对空注射次数直至纯净的 PC 料射出。

② 产品生产调试：手动完成 1～2 件产品的试生产，检验前期参数设置是否合理，根据产品质量情况微调参数。随后切换进入半自动模式开始试生产，检验。

③ 根据产品质量微调工艺参数，直至可以半自动生产出合格产品。

④ 工艺参数的记录：在产品正常能够半自动生产的情况下，将设备与注塑工艺参数相关的参数记录，形成产品工艺卡。随后转入批量生产。

PC 车灯注塑件如图 9-15 所示。

图 9-15　PC 车灯注塑件

3. 注塑过程常见问题及处理办法

（1）喷嘴物料流延

① 产生原因：喷嘴温度设置过高导致物料黏度过低或者物料压力过高。

② 处理方法：降低喷嘴温度或者储料结束后加设螺杆后退（松退）距离。

（2）浇口套被堵

① 产生原因：开模时物料断在浇口套内。

② 处理方法：当浇口套内有物料折断时，可先用铜签进行疏通或者用火焰枪将浇口套内物料烧掉。

（3）工作压力显示异常

① 产生原因：液压系统零部件损坏，或者相应数值设定值错误。

② 处理方法：排查液压系统各零部件，修理或更换新的零部件，若是数值设定错误则需要重新设定数值。

（4）注塑机温度异常

① 产生原因：油的黏度过低或过高，或者油箱内油量不足。

② 处理方法：更换或添加液压油。

任务十 塑件质量检测

一、溢边缺陷

1. 检查塑件外观

溢边又称飞边、毛刺、披锋等，是充模时熔体从模具的分型面及其他配合面处溢出形成的部分，如图 10-1 所示。溢边的存在影响制品的外观和尺寸精度，并增加了去除溢边的工作。

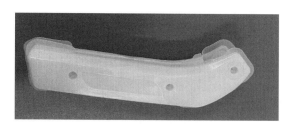

图 10-1 溢边缺陷

2. 调试注塑参数

注塑参数设置不合理会导致溢边缺陷的产生，需要通过调试参数尝试解决溢边缺陷。

① 减少加料量。加料量过大时，容易产生飞边。

② 降低注射压力和速度。注射压力和速度过大时，容易产生飞边。

③ 降低料筒、喷嘴及模具温度。温度过高也会导致溢边的产生。

3. 检查注塑模具

① 检查模具成型零部件以及顶杆的贴合面。若模具分型面、镶嵌面、滑动型芯贴合面及顶杆等处的精度较低，容易产生飞边，则需要重新对模具进行研磨和修配。

② 利用 CAE 软件进行流动性分析，检查流道设计是否合理。若流道安排不合理时，则易出现偏向性流动，容易产生一边缺料，一边飞边。

4. 检查注塑机

① 校核注塑机锁模力。当投影面积与模腔平均压力之积超过了额定锁模力时，容易产生飞边。

② 检查注塑机合模装置。对于液压曲轴合模装置，曲轴未伸直、模板不平行、拉杆变形不均匀，都容易产生飞边。

学习笔记

二、气泡缺陷

1. 检查塑件外观

气泡有两种类型，一种是由于冷却收缩形成的真空泡，另一种是由于熔体包裹空气而形成的气泡。如图 10-2 所示，塑件内部有明显的气泡缺陷。

图 10-2　气泡缺陷

2. 调试注塑参数

① 降低料温，同时提高模具温度；

② 提高注塑压力和注塑速度；

③ 延长保压时间；

④ 缩短冷却时间。

3. 调整塑件原料

① 加强物料的干燥。物料干燥不充分会导致在成型过程中水分挥发产生气泡。

② 降低加热温度。加热温度过高可能会导致原料发生降解从而产生挥发气体。

4. 检查注塑模具

① 合理设置浇口。浇口位置不合理会导致塑料熔体流动过程中将气体包裹在型腔中。

② 改善模具排气。

三、欠注缺陷

1. 检查塑件外观

欠注又称短射、充填不足、制品不满等，是指注射制品成型不完全的现象。如图 10-3 所示塑件，有明显的欠注缺陷。

2. 调试注塑参数

① 提高料筒温度、喷嘴温度或者模具温度。

② 提高注塑压力和速度。

3. 调整塑件原料

① 在树脂中添加改善流动性的助剂。

② 适当减少原料中再生料的掺入量。

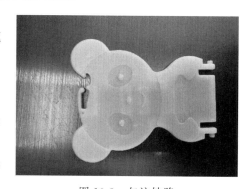

图 10-3　欠注缺陷

4. 调整注塑模具

① 适当加大流道及浇口的尺寸。

② 合理确定浇口数量及位置。

③ 改善模具的排气系统设计。

四、翘曲缺陷

1. 检查塑件外观

翘曲是指注塑制品的形状偏离了模腔的形状。翘曲变形的直接原因在于塑料的不均匀收缩，如图 10-4 所示。

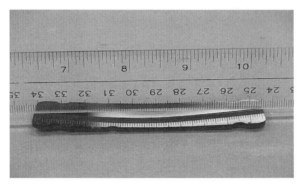

图 10-4　翘曲缺陷

2. 调试注塑参数

① 适当提高注塑压力，降低保压压力。

② 适当提高注塑速度。

③ 适当降低料温。

3. 调整塑件原料

① 选用非结晶型塑料。当原料为结晶型塑料时，容易产生翘曲。

② 合理选用颜料（如酞菁系列颜料易使 PE、PP 等塑料在加工时因分子取向加剧而产生翘曲）。

4. 调整注塑模具

① 合理设计浇注系统，使熔体平稳充模，较少的分子取向可以减少翘曲。

② 合理设计顶出装置，保证制品顶出受力均匀。

③ 适当增加制品的壁厚，以提高抵抗变形能力。

五、熔接痕缺陷

1. 检查塑件外观

熔接痕是注塑成型过程中两股相向或平行的熔体前沿相遇形成的熔接线。熔接痕对塑料制品的外观质量及力学性能都有一定的影响。如图 10-5 所示。

2. 调试注塑参数

① 提高熔体的温度来改善流动性；有金属嵌件时，先将金属嵌件预热；

② 充分保压能使熔接痕区密度提高；

③ 减少脱模剂的使用。

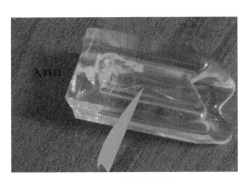

入料口

图 10-5　熔接痕缺陷

3. 调整塑件原料

① 结晶型聚合物加入成核剂。

② 减少添加剂量；原料应充分干燥。

③ 如果配方必须加添加剂，添加剂应进行粒子细，使分散相分布均匀化。

④ 减少原料间的混杂，对流动性差的原料可适量添加润滑剂。

4. 调整注塑模具

① 缩短流程，避免低温熔流的不良熔合。

② 设置工艺溢料，在熔合缝位置安排设置冷料井。

③ 加强模具排气。

六、银纹缺陷

1. 检查塑件外观

银纹也称为银线或银丝，是因塑料中湿气挥发等在制品表面形成的银白色细纹，如图 10-6 所示。银纹可分为降解银纹、水气银纹和空气银纹。

2. 调试注塑参数

① 对于降解银纹，适当降低料筒及喷嘴的温度，缩短物料停留时间。

② 对于水气银纹，可增加预塑背压。

③ 对于空气银纹，可在浇口附近位置采用慢速通过，然后快速充模。

3. 调整塑件原料

① 原料充分干燥，并需要防止使用过程中的二次吸湿，这样可消除水气银纹。

图 10-6　银纹缺陷

② 减少再生料的用量。

③ 尽量选择粒径均匀、流动性好的物料。

4. 调整注塑模具

① 改善注射机与模具的排气。

② 适当加大主流道、分流道及浇口的尺寸。

七、凹痕缺陷

1. 检查塑件外观

凹痕是塑件内收缩造成的表面塌陷现象，见图 10-7。当塑件厚度不均

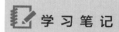

时，收缩过大易产生缩痕，通常凹痕容易出现在离浇口位置较远的部位以及制品厚壁、加强肋、凸台或内嵌件处。

图 10-7　凹痕缺陷

2. 调试注塑参数

① 提高注射速度，使制品充满并消除大部分的收缩。

② 增加背压，螺杆前段保留一定的缓冲垫等，均有利于减少收缩现象。

③ 增大注塑和保压时间，增加制品在模内冷却停留时间。

④ 适当降低熔体温度和模具温度。

3. 调整塑件原料

① 改换收缩率较小的原料。

② 减小塑件壁厚，壁厚过渡尽量平缓。

4. 调整注塑模具

① 对模具成型零部件抛光，防止制件表面凸凹不平。

② 改变模具冷却水道布局，提高冷却效果。

八、烧焦缺陷

1. 检查塑件外观

烧焦也称燃烧黑斑，是由于注射温度过高导致的物料热分解而引起的表面缺陷，如图 10-8 所示。

图 10-8　焦烧

2. 调试注塑参数

① 熔料温度太高，适当降低喷嘴及料筒温度。

② 降低注射速度和注射压力。

③ 降低螺杆转速和预塑背压，防止过热。

④ 缩短注射和保压时间，并缩短注射周期，防止因料筒中熔融树脂停留时间过长造成分解。

3. 调整塑件原料

① 适量使用挥发性润滑剂、脱模剂。

② 使用具有良好的热稳定性的助剂。

③ 少用或不用再生料。

4. 调整注塑模具

① 改善注塑机排气，并且保持注塑机清洁。

② 改善模具排气系统，定时用喷枪清理模具零部件。

九、流痕缺陷

1. 检查塑件外观

流痕也称水波纹，是由于最先接触模具的熔体快速冷却，在模具型腔壁先固化成较硬的壳，使后续熔体形成涟漪式流动，固化后在塑件表面留下波浪状的痕迹，如图 10-9 所示。

图 10-9 流痕缺陷

2. 调试注塑参数

① 提高料筒温度、模具温度，以改善物料的流动性。

② 降低注塑速度和压力。

③ 采用多级注塑，使熔体先低速通过浇口，再快速充模至 90% 左右，最后慢速充模，增加排气时间，可以一定程度上消除流痕现象。

3. 调整塑件原料

① 选择低黏度的树脂。

② 选择合适的润滑剂。

4. 调整注塑模具

① 采用恰当的浇口截面，增加浇口横截面，缩短流道，减小流料的流动阻力。

② 调整优化冷料井，防止低温物料进入型腔。

十、龟裂缺陷

1. 检查塑件外观

龟裂是指塑件在应力作用下，使得高分子沿应力作用方向平行排列，从而在制品表面出现细裂纹的现象，如图 10-10 所示。龟裂容易使塑件发生开裂现象，因此通常需要经热处理进行消除。

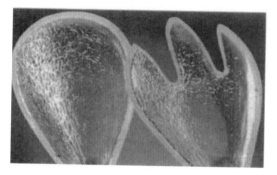

图 10-10 龟裂缺陷

2. 调试注塑参数

① 缩短注射和保压时间，或进行多次保压。

② 提高熔体温度和模具温度，从而降低熔体黏度，提高流动性。

③ 降低注射压力，缩短保压时间以减小应力。

④ 塑件成型后进行退火处理，来消除内应力。

3. 调整塑件原料

① 原料充分干燥。

② 合理使用脱模剂。

③ 选择与原料相容性好的助剂。

4. 调整注塑模具

① 提高模具型腔的光洁度。

② 加大流道的尺寸，从而降低内应力。

③ 调整冷却系统，使得塑件冷却均匀，减少内应力。

〖知识延伸〗

1. 注塑制品常见的缺陷分类

注塑制品常见的缺陷可分为三大类：

① 外观缺陷 包括熔接痕、凹痕、银纹、黑斑、表面流痕、焦痕、气泡、龟裂、浮纤等。

② 工艺问题 包括欠注、飞边、粘模、顶出不正常、成型周期过长等。

③ 性能问题 包括脆化、翘曲、应力集中等。

2. 常用的塑件质量检测方法

塑件的质量检测是指通过一定的方法来测定塑件是否合格。塑件的质量检测分为表面质量检测、尺寸精度检测和性能检测。常用的方法有目测法、尺寸测量法、偏光镜检测法等。

目测法是指用肉眼或者借助显微镜观察塑件的表面质量，主要用于测量较明显的外观缺陷，例如熔接痕、银丝、气泡、龟裂、黑斑、流痕等。光线对目测法有较大的影响，可借助不同的光源（紫外光、荧光等）来观测塑件表面质量，例如黑灯光可以提高产品污染物的亮度，从而检测出不合格产品。

尺寸测量法主要用于检测塑件尺寸和形状是否合格，塑件成型后往往会出现缩水、翘曲和扭曲等问题。采用尺寸测量法要在塑件成型后 $30\sim60min$ 测量，防止变形不充分导致测量数据不精确。

偏光镜检测法主要用于检测塑件是否存在内应力，检测塑件的结晶度和分子取向。检测内应力可以得知塑件是否存在开裂和翘曲的风险；检测结晶度可以判断塑件的力学性能和热性能，例如结晶度为 70% 的聚丙烯，拉伸强度为 28MPa，载荷作用下的热变形温度 125℃左右，而结晶度为 95% 时，其拉伸强度可提高到 40MPa，热变形温度为 151℃左右；检测分子取向可以判断塑件的强度和塑性，因为塑件沿着取向方向的强度相对较高，塑性较差。

项目四　模流分析

模流分析是注塑模具设计和注塑工艺设计的一种重要的分析验证方法，能够以低成本的计算机模拟来对模具结构设计是否合理、工艺参数设计是否能够保证成型质量等给出提前的预判和优化建议，是现代注塑模具和工艺设计的一个重要组成部分。与其他的加工工艺计算机仿真相比，模流分析并不是一个固定的分析流程，而是包含一系列的分析序列或者分析子过程，需要技术人员结合注塑工艺的实际情况对这些分析序列进行合理的选择、组合，才能够获得有价值的分析结果。

本项目主要讲解利用 CAE 软件进行模流分析，包含塑件网格划分及修复、浇口位置分析、成型窗口分析、填充分析、流动分析、冷却分析、流道平衡分析、翘曲分析、双色注塑模具分析、气辅成型模具分析以及嵌件模具分析等。

【项目目标】

知识目标：

1. 掌握模流分析的基本操作流程；
2. 掌握注塑件网格划分和网格修复方法；
3. 掌握浇口系统、流道系统的搭建和分析方法；
4. 掌握最佳浇口位置分析和成型窗口分析的基本操作流程；
5. 掌握填充分析、流动分析和冷却分析的操作流程。

技能目标：

1. 能够进行产品网格划分及修复；
2. 能够创建浇注系统和冷却系统几何模型；
3. 能够进行最佳浇口位置分析和成型窗口分析；
4. 能够进行填充分析、流动分析和冷却分析，并对分析结果进行解读。

【项目引入】

模流分析工程师小张是一名具备一定的注塑模具和工艺设计实际经验的技术人员，需要将计算机模拟技术引入常规的工艺设计和质量评估中。为了能够使用模流分析指导注塑工艺设计，首先需要对所使用的模流分析软件有一定的了解，掌握基本的操作命令，方便后续操作，并能够为注塑模型建立相应的工程项目。

学习笔记

任务十一 软件认知

工业生产上使用的模流分析软件有很多，本书以 Moldflow2018 为平台讲解模流分析。

一、载入工程方案

① 通过 Autodesk Moldflow Synergy 打开 Moldflow 桌面程序界面。

② Moldflow 软件功能区→"开始并学习"→"打开工程"，或 Moldflow 工程视图窗格→"打开工程"，在弹出的"打开工程"对话框中选择解压缩获得的文件夹中的 BasicOperation. mpi 文件，并打开，见图 11-1。

图 11-1 打开工程对话框

③ 在工程视图窗格，双击工程 BasicOperation 下侧的 BasicOperation_study 方案，打开该方案，见图 11-2。

二、操作模型对象

① 用鼠标对模型窗格中的模型进行如下操作，熟练掌握鼠标的使用。

❖ 选择对象：鼠标左键点选三角形单元；

❖ 通过矩形框选择对象：按下鼠标左键同时拖动选择三角形单元；

❖ 旋转对象：按下鼠标中键同时拖动鼠标旋转模型；

❖ 平移对象：按下 Shift 键的同时按下鼠标中键同时拖动鼠标；

❖ 缩放对象：鼠标滚轮前后滚动。

② 采用 ViewCube 实现模型区前、后、左、右、上、下六个方位视图的显示，并通过鼠标拖动 ViewCube 实现模型的旋转。见图 11-3。

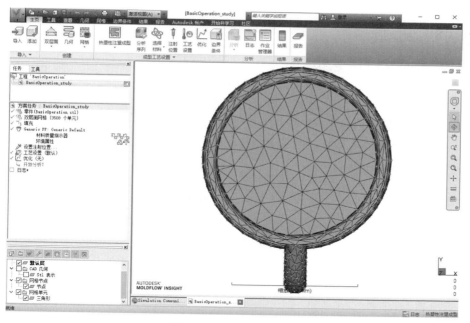

图 11-2 打开工程方案

③ 分别采用导航栏中的全导航控制盘和其他命令按钮，实现模型的选择对象、旋转对象、平移对象、缩放对象操作，掌握各命令按钮的功能，见图 11-4。

选择
动态观察 - 旋转
平移
缩放
窗口缩放
全部缩放
居中
测量
查看面

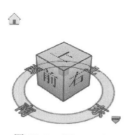

图 11-3 ViewCube

图 11-4 导航栏命令

④ 在层面板区，除默认层外，分别仅勾选 CAD 几何、网格节点、网格单元，之后分别同时勾选其中两项，最后同时勾选三项内容并查看模型窗格区模型显示效果的变化，见图 11-5。

图 11-5 层面板

【知识延伸】

1. Moldflow 模流分析流程

Moldflow 软件是现代模流分析的主流分析软件，具有塑件三维模型导入、网格划分、模流分析、结果展示以及生成分析报告等全流程的模流分析功能。在学习采用 Moldflow 进行注塑模流分析之前，首先需要熟悉 Moldflow 软件操作，对软件的功能模块有一个全方位的了解。对于常规的塑件，进行模流分析的一般分析流程如图 11-6 所示。

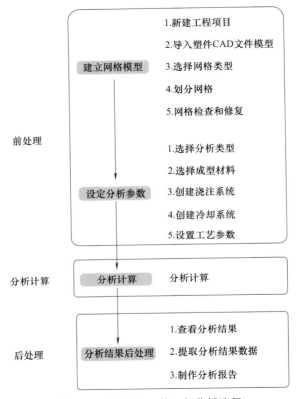

图 11-6　Moldflow 的一般分析流程

采用 Moldflow 进行模流分析的流程属于典型的 CAE 分析流程，包括前处理、分析计算和后处理三个阶段。

① 前处理。前处理的主要作用是建立新工程项目，导入塑件模型后进行网格划分，修复网格缺陷，设定工艺参数，为模流分析计算做好准备。

用于分析的塑件模型一般比较复杂，需要通过专业的三维建模软件来创建模型。常见的三维建模软件如 UG、ProE、Catia、Inventor 等均能够方便地创建塑件模型，此外还可以通过逆向工程的方法创建塑件三维模型。模型创建完毕后需要导入 Moldflow，Moldflow 提供了比较丰富的导入文件接口，能够方便地导入包括 STL、STEP、Parasolid 等多种格式的模型数据。三维模型无法直接进行模流分析计算，需要进行网格划分，网格单元是现代 CAE 分析计算

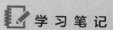

的基础。工艺参数设定和分析计算是紧密相联的，既可以作为前处理的一部分，也可以作为分析计算的一部分。

② 分析计算。分析计算是在前处理的基础上，采用计算机软硬件资源，对设定好的模流分析问题进行计算仿真。Moldflow 的分析基础是有限差分，并具有部分有限元计算模块，在分析计算过程中，模流问题被转化为塑件熔融体的流场、温度场、应力场的多场耦合问题，通过数值方法获得相应的控制方程的数值解。

分析计算过程中 Moldflow 提供了丰富日志功能，在分析过程中能够实时的在日志窗口提供分析情况日志，便于操作者查看，及时处理存在的分析问题。

③ 后处理。后处理指的是对分析计算结果进行整理，提取对分析有价值的结果数据，生成问题的分析报告。

2. Moldflow 软件界面

图 11-7 所示为 Moldflow 软件界面。

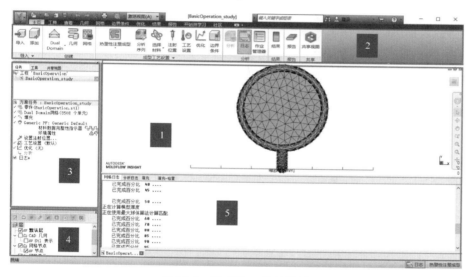

图 11-7 Moldflow 软件界面

① 模型窗格。模型窗格是用户界面的主要部分，用来显示模型状态。模型窗格的底部会有几个选项卡，除了默认的主页外，每个选项卡代表此工程会话中打开的不同方案，可以方便进行点击切换，其中当前激活方案的选项卡位于最前面。

② 功能区。所有命令均位于窗口顶部功能区中的命令选项卡中，功能区中的命令会根据激活的选项卡有不同的变化。例如，与零件建模相关的所有命令可在"几何"选项卡上找到，而与分析结果相关的所有命令则可在"结果"选项卡上找到。

命令按逻辑面板分组。许多面板都可展开，这样的面板下方标题文字边上会存在一个"▼"符号，左键点击即可展开显示更多的命令按钮。

③"工程"面板。"工程"面板显示正在进行分析的模型的相关信息。它位于用户界面的左侧，包含"任务""工具"和"共享视图"三个选项卡。

"任务"选项卡又分成上下两部分，位于上侧的是"工程视图"窗格，该窗格中列出了工程中的所有仿真方案，在每一项仿真方案的右侧还显示与本方案相关联的分析序列的图标，以便于快速查看。位于下侧的是"方案任务"窗格，该窗格包含当前激活方案的模型、网格、分析类型、材料、工艺设置、分析结果等详细信息。在"方案任务"窗格中的任意项目上单击鼠标右键时，将激活上下文菜单，其中包含的内容与单击的项目相关。

"工具"选项卡包含与当前操作关联的参数设置选项，并会根据当前的任务切换内容。"共享视图"选项卡则主要用于在线协作，创建后项目的协作者可以直接在 Autodesk 查看器中进行审阅和发布注释而无需安装 Autodesk 产品。

④"层"面板。"层"面板主要用来控制模型窗格区模型的显示状态，能够控制几何体、节点、网格单元的显示状态，还可以通过分层来控制局部对象的隐藏与显示，方便模型操作，大大提高了模型可视化、处理和编辑的效率。

⑤"日志"窗格。运行分析后，"日志"窗格将显示在"模型"窗格的底部，日志内容与任务类型有关，网格划分对应网格日志，而分析序列对应相应的分析日志，不同类型的日志会以标签页的形式显示在日志窗格，可以方便地进行切换和查看。

3. Moldflow 软件基本操作

① 鼠标操作。采用鼠标以及功能键的组合可以灵活地操作模型的方位和大小，默认情况下主要操作功能见表 11-1。

表 11-1　Moldflow 软件默认的鼠标操作

鼠标操作	功能
左键点击	选择对象
左键按下＋拖动	通过矩形框选择对象
中键(或右键)按下＋拖动	旋转对象
Shift＋中键(或右键)按下＋拖动	平移对象
Ctrl＋中键(或右键)按下＋拖动 鼠标中键前后滚动	缩放对象
鼠标滚轮	动态缩放

可以通过功能区→工具→应用程序选项→鼠标标签页，修改鼠标操作的快捷键功能。

② ViewCube 和导航栏

ViewCube 和导航栏位于模型窗格的最右侧，如图 11-8 所示，为模型操作提供了比较丰富的快捷命令。鼠标左键点击立方体的前、后、上、下、左、右面，以及立方体的棱边和角点，模型区会切换到与立方体相应要素对应的视图；鼠标左键在立方体位置按下并拖动，模型与 ViewCube 会同时随着鼠标进行旋转；在立方体位置点击右键，弹出的上下文菜单提供了包括正交、透视显示切换功能等其他功能选项。

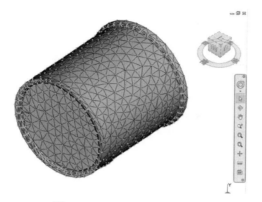

图 11-8 ViewCube 和导航栏

在导航栏，鼠标左键点击全导航控制盘，会弹出一个随鼠标移动的控制盘，包含了平移、缩放、动态观察等功能区，鼠标移动到控制盘上某一功能区，该功能区即处于高亮状态，此时按下鼠标左键并拖动，即可实现当前高亮区的相应操作。

选择、旋转、缩放、模型居中快捷操作：点击相应的图标，即可在模型区进行相应的操作。

测量工具用于测量模型相应的尺寸。

任务十二　产品网格划分及修复

一、三维建模软件与 Moldflow 软件的模型文件传输

（1）从三维建模软件导出 STL 格式文件

① 启动 UG 软件，打开 shuibei. prt 文件，如图 12-1 所示。

图 12-1　UG 软件打开模型文件

② 选择菜单"文件"→"导出"→"STL"，导出为 STL 格式文件。如图 12-2 所示。

③ 在弹出的"STL 导出"对话框中，单击绘图区中的产品，在对话框中设置保存路径，单击"确定"按钮之后，生成 STL 文件。如图 12-3 所示。

图 12-2 导出为 STL 格式文件

图 12-3 "STL 导出"对话框

（2）建立工程项目，并导入 STL 格式文件

① 启动 Moldflow 软件，界面如图 12-4 所示。

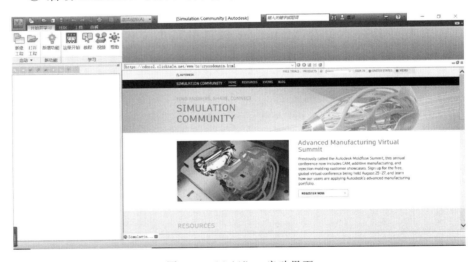

图 12-4 Moldflow 启动界面

② 新建分析工程：菜单栏→"新建工程"，弹出如图 12-5 所示的"创建新工程"对话框，并在"工程名称"文本框输入"MeshOperation"。

图 12-5   "创建新工程"对话框

此步骤完成后会在工程视图窗格中创建出工程"MeshOperation",如图 12-6 所示。

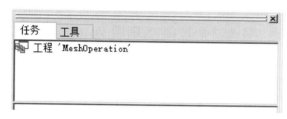

图 12-6   工程视图窗格的工程文件

③ 导入模型文件:菜单栏→"导入",弹出"导入"对话框,如图 12-7 所示。

图 12-7   导入模型菜单及"导入"对话框

选中"MeshOperation. stl"文件,将水杯塑件模型导入到工程项目中,并在弹出的网格类型对话框中将网格类型设置为"双层面",如图 12-8 所示,模型导入后的结果如图 12-9 所示。最后保存工程方案备用。

二、产品网格划分

① 功能区→"主页"选项卡→"网格"命令按钮,或功能区→"网格"选项卡,如图 12-10 所示,在网格选项卡中的网格面板内,点击"生成网格"

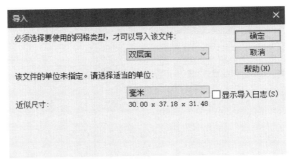

图 12-8　设置网格类型

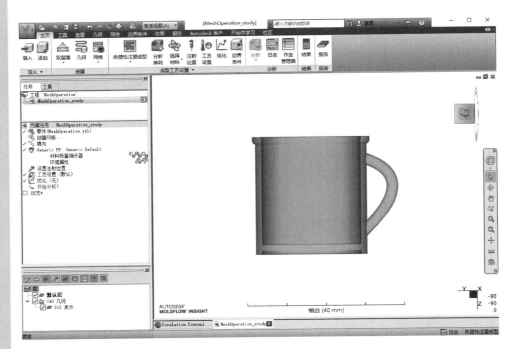

图 12-9　模型导入结果

命令按钮，此时左侧栏会打开生成网格对话框，如图 12-11 所示。

➤"重新划分产品网格"：如果已选择此选项并单击"立即划分网格"，将重新划分模型所有可见部分的网格。如果未选择此选项并单击"立即划分网格"，将仅重新划分尚未划分网格的可见模型部分的网格。

➤"立即划分网格"：点击后开始根据参数情况划分网格。

➤"将网格置于激活层中"：生成的网格将网格层放置到激活层面板中。

➤"全局边长"：指定生成网格时使用的目标网格单元长度的值。

➤"匹配网格"：在双层面网格的两个相应表面上对齐网格单元。

➤"计算双层面网格的厚度"：使用双层面技术对模型进行网格划分时，此选项允许同时计算网格厚度。

需要注意的是，如果导入的文件不是 STL 格式文件，生成网格对话框中的选项内容会有变化，而且除了"常规"标签页外，还会出现如"CAD"

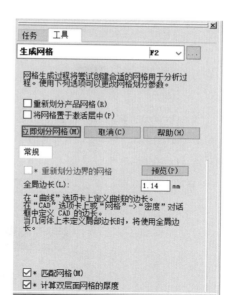

图 12-10 生成网格命令　　　图 12-11 生成网格对话框

"曲线"等标签页。通过修改选项卡参数能够控制生成网格的大小、数量以及与模型几何的匹配性。

对于 STL 格式文件而言，在"常规"标签页，可调参数相对较少，可以通过制定全局变长的大小，来控制最终网格的尺寸，从而获得细腻或粗糙的网格模型。网格尺寸会极大地影响最终划分出来的网格数量，细腻的网格能够获得较为平滑的计算结果，但计算量大，粗糙的网格能够加速计算，但结果不够平滑，不利于考察局部细节的模流分析结果，因此在选择网格尺寸的时候需要谨慎选择网格尺寸，没有特殊需要的时候可以先采用默认的尺寸计算，根据分析结果确定是否需要细化全局或局部的网格。

图 12-12 网格生成提示对话框

② 划分网格。在生成网格对话框上点击"立即划分网格"选项，此时会弹出网格生成提示对话框（图 12-12），确认即可。网格划分进度可以通过软件窗口下侧的网格日志（图 12-13）查看，待完成网格划分后，会弹出完成网格划分的提示（图 12-14），确认即可。

115

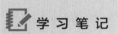

图 12-13　网格划分进度

图 12-14　完成网格划分的提示

③ 改善网格视觉效果。通过软件默认界面左下侧的层面板，如果没有相应的面板，可以通过功能区→"查看"选项卡→"用户界面"按钮→勾选"层"下拉菜单，打开层面板，如图 12-15 所示。此时，仅保留"网格单元"处于勾选状态，这样可以关闭模型的几何实体和网格节点的显示，仅显示网格单元，便于识读和操作，结果如图 12-16 所示。通过方案任务窗格可以看到最终划分出 16446 个单元。

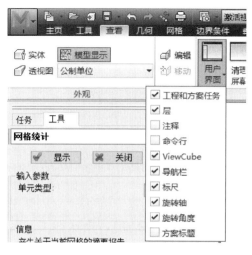

图 12-15　打开层面板

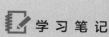

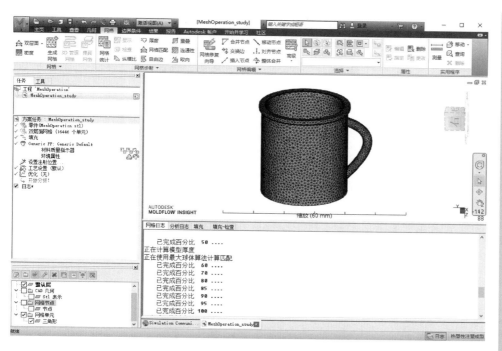

图 12-16　仅保留网格的模型视图

三、网格诊断

① 网格统计。功能区→"网格"选项卡→"网格统计"命令，打开"网格统计"对话框，如图 12-17 所示，点击"显示"，查看网格统计信息。

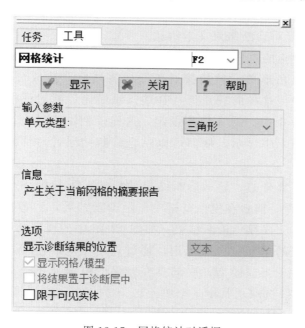

图 12-17　网格统计对话框

通常可以将网格统计作为网格诊断的第一步，获得针对网格整体的综合评价信息。根据统计结果，采用默认网格划分方式获得了 16446 个三角形网格单元，并指出当前模型适合采用双层面网格进行分析。统计结果如下。

三角形数量：16446

已连接的节点：8223

连通区域：1

不可见三角形：0

表面面积：67.1994cm^2

三角形单元体积：5.01732cm^3

纵横比：最大 13.85，平均 1.96，最小 1.16

自由边：0

共用边：24669

多重边：0

配向不正确的单元：0

相交单元：0

完全重叠单元：0

匹配百分比：89.3%

相互百分比：89.7%

② 网格横纵比诊断。功能区→"网格"选项卡→"纵横比"命令，打开"纵横比"对话框，如图 12-18 所示，设置纵横比诊断的最小值为 6，"显示诊断结果的位置"勾选"将结果置于诊断层中"，点击"显示"按钮，查看网格诊断结果。将"显示诊断结果的位置"下拉框选择"文本"，再次点击"显示"按钮，显示诊断结果文本信息。

网格纵横比指的是三角形的最长边与相应三角形高的比值。网格纵横比越大，则此三角形单元就越接近于一条直线，会造成分析结果不可靠，在分析中需要避免这样的三角形存在的。纵横比诊断对话框中输入参数最小值推荐设置为 6～8，最大值不设定，这样模型中比最小纵横比值大的单元都将在诊断结果中显示，从而可以结合诊断结果针对性的消除和修改这些缺陷。

在"选项"部分的"显示诊断结果的位置"下拉框中包含"显示"和"文本"两个选项，前者在模型窗格中显示诊断结果，后者在纵横比诊断对话框下侧用文本方式显示诊断结果。如图 12-18 中的模型窗格所示，纵横比超过最小值设定的单元被色线标记，通过点击相应的色线，即可选择对应的网格单元。对于当前模型，底部存在较多的纵横比不合理的单元，其中图 12-19 通过色线选取了其中一个单元。

图 12-20 是"显示诊断结果的位置"下拉框选择"文本"选项时的结果，根据文本统计信息，网格中最小纵横比为 1.156，最大纵横比约为 13.852，纵

 学习笔记

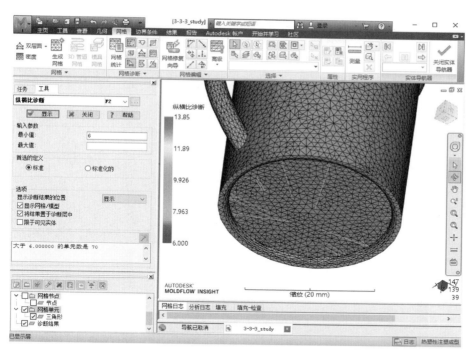

图 12-18 纵横比诊断对话框及诊断结果

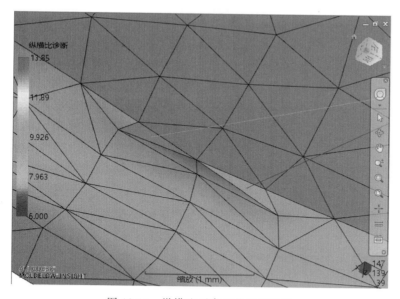

图 12-19 纵横比不合理的网格单元

图 12-20 纵横比诊断文本统计结果

横比超过 6.0 的网格单元数总计有 70 个。

"选项"部分"显示网格/模型"默认勾选，如果取消勾选，模型窗格中的模型会隐藏，只剩下标记纵横比不合理单元的色线。如果在层面板中仅保留"诊断结果"层处于勾选状态，模型窗格中将仅显示这些单元，如图 12-21 所示。

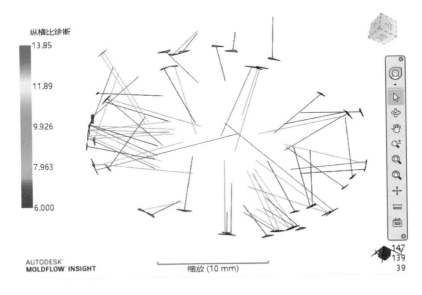

图 12-21　仅显示"诊断结果"层包含的单元

③ 重叠单元诊断。首先将之前诊断结果中的单元重新移回模型单元中。模型窗格中，全选所有网格单元，在层面板中选择"网格单元"文件夹下方的"三角形"层，之后在层面板顶部点击"指定层"按钮，确认所有单元均处于"三角形"层之后，删除"诊断结果"层。

然后开始重叠单元诊断。功能区→"网格"选项卡→"重叠"命令，打开"重叠单元诊断"对话框，如图 12-22 所示，"显示诊断结果的位置"下拉框选择"显示"，勾选"将结果置于诊断层中"，之后，点击"显示"按钮，查看诊断结果。将"显示诊断结果的位置"下拉框选择"文本"，再次点击"显示"按钮，显示诊断结果文本信息。从结果来看，当前模型没有重叠单元问题。

如果模型中确实存在重叠单元，诊断结果在模型窗格中的显示与纵横比诊断情况类似，文本诊断结果参考图 12-23 所示。

④ 取向诊断。取向诊断前确保所有单元均处于"三角形"层内。通过功能区→"网格"选项卡→"取向"命令，打开"取向诊断"对话框，如图 12-24 所示，"显示诊断结果的位置"下拉框选择"显示"，之后，点击"显示"按钮，查看诊断结果。"显示诊断结果的位置"下拉框选择"文本"，再次点击"显示"按钮，显示诊断结果文本信息。从结果来看，当前模型

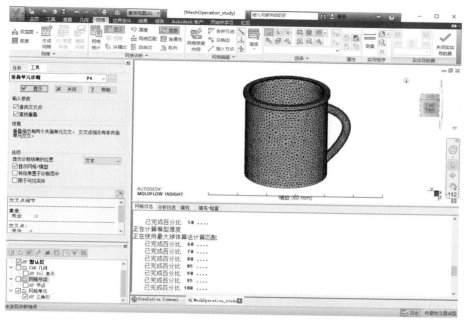

图12-22 重叠单元诊断对话框及诊断结果

图12-23 文本方式下交叉重叠单元诊断结果

所有单元取向均一致。

"取向诊断"用于诊断法向错误的三角形单元。模流分析时，网格取向应该保持一致，否则会产生错误。

⑤ 双面层网格匹配诊断。双面层网格匹配诊断前确保所有单元均处于层面板→"网格单元"→"三角形"层内。通过功能区→"网格"选项卡→"网格匹配"命令，打开"双面层网格匹配诊断"对话框，如图12-25所示，"显示诊断结果的位置"下拉框选择"显示"，之后，点击"显示"按钮，查看诊断结果。将"显示诊断结果的位置"下拉框选择"文本"，再次点击"显示"按钮，显示诊断结果文本信息。从结果来看，当前模型杯口、杯底以及手柄处部分网格匹配相对较差，匹配百分比及相互百分比均在89%以上。

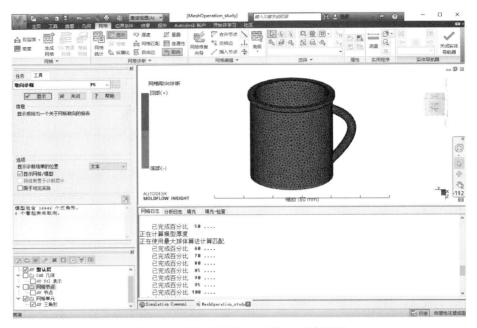

图 12-24 "取向诊断"对话框及诊断结果

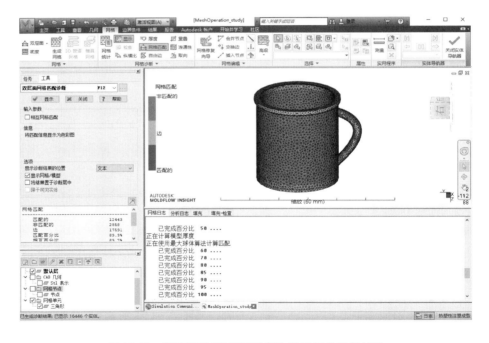

图 12-25 "双面层网格匹配诊断"对话框及诊断结果

对于双层面网格的匹配比，建议参考如下规则：

➤ 对于一般的填充＋保压分析，一般要求最小匹配百分比和相互匹配百分比大于 85％。如果匹配百分比介于 50％ 和 85％ 之间，那么将发出警告。如果匹配百分比低于 50％，那么分析将显示错误，并退出分析。

➤对于带有多个加强筋的复杂零件，建议采用较高的匹配百分比。

➤对于"纤维填充＋保压"和"纤维翘曲"分析，为得到精确的结果，建议的匹配百分比和相互匹配百分比是 90% 或更高。对于翘曲分析，使用未填充材料时，建议的最小匹配百分比是 70%；使用填充有纤维的材料时，建议的最小匹配百分比是 80%。

⑥ 参考前述操作，完成连通性、自由边、厚度、折叠、零面积单元诊断，熟悉相关的诊断选项的使用。注意，折叠、零面积单元的诊断需要点击"网格诊断▼"才能显示相关命令按钮，如图 12-26 所示。

图 12-26 折叠、零面积单元等相关命令按钮

四、网格修复

通过 Moldflow 提供的网格诊断功能能够有效识别、标记出质量较差的网格单元，但是单纯识别这些单元对于模流分析并没有直接的用处，需要在此基础上，对相应网格进行编辑，使它们的纵横比、取向、网格匹配等处于合理的范围，同时清除重叠单元、折叠面等问题，从而确保后期模流分析结果准确可靠。

图 12-27 "网格编辑"工具

网格修复需要利用"网格编辑"工具相关的命令来实现，该工具位于功能区→"网格"选项卡→"网格编辑"面板，上面包含了网格修复向导、合并节点、移动节点、交换边等一系列命令，如图 12-27 所示。同时，点击"网格编辑"文字边上的倒三角标志，还可以展开被隐藏的网格编辑命令，如自动修复、清除节点、匹配节点等。

下面结合具体水杯塑件的实例来熟悉使用网格编辑命令实现网格修复。

① 解压缩 MeshModify.zip 文件，获得水杯的工程包，启动 Moldflow，打开解压缩后获得的文件包中的 cup-modify.mpi 工程项目文件，并载入 cup_Study 方案，如图 12-28 所示。

② 功能区→"网格"选项卡→"网格诊断"面板→"网格统计"，如

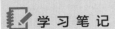

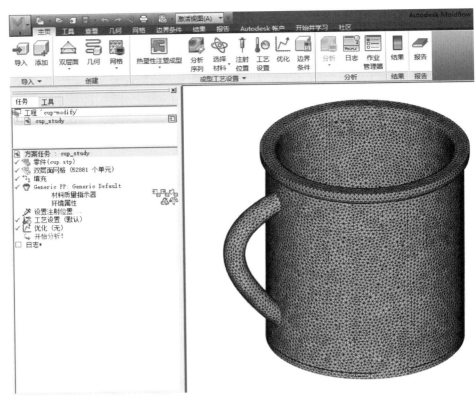

图 12-28　打开方案文件

图 12-29 所示，根据诊断结果，该网格模型存在纵横比偏大的网格、存在自由边、存在取向问题，还存在一些相交或重叠的单元。最终诊断的结论是，适合采用双层面模型进行分析，但是网格缺陷需要修复。

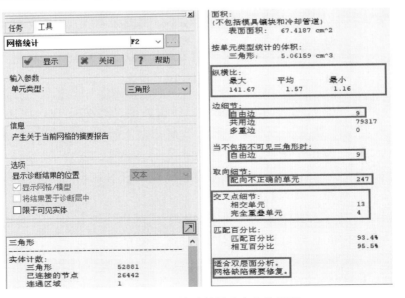

图 12-29　网格统计结果及存在的问题

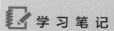

③ 功能区→"网格"选项卡→"网格诊断"面板→"纵横比诊断"，如图 12-30 所示，在纵横比诊断对话框上，"最小值"设为 6，"最大值"不设定，"显示诊断结果的位置"下拉框选择"显示"，勾选"将结果置于诊断层中"，点击对话框首部的"显示"按钮。然后，将"显示诊断结果的位置"下拉框切换为"文本"，其他设置不变，再次点击对话框首部的"显示"按钮。在软件左下侧的层面板中，勾选网格单元、诊断结果两项，此时软件工作区将显示模型的诊断结果，纵横比偏大的网格通过色线进行了标记。同时左侧对话框中间以文本方式显示了"纵横比"统计结果，纵横比大于 6 的单元格数为 42 个，需要对这些网格进行修复。

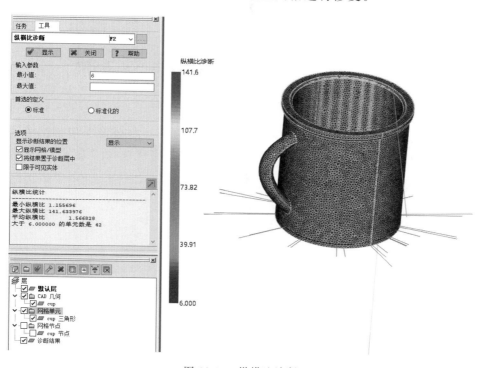

图 12-30　纵横比诊断

④ 功能区→"网格"选项卡→"网格诊断"面板→"双层面网格匹配诊断"，如图 12-31 所示，在软件左下侧层面板上，将纵横比分析中留下来的"诊断结果"重新移回"cup 三角形"层。在网格匹配对话框上，"显示诊断结果的位置"下拉框选择"显示"，勾选"将结果置于诊断层中"，点击对话框首部的"显示"按钮。然后，将"显示诊断结果的位置"下拉框切换为"文本"，其他设置不变，再次点击对话框首部的"显示"按钮。此时软件工作区将以颜色显示模型的网格匹配诊断结果，同时左侧对话框中间以文本方式显示了"网格匹配"统计结果。根据统计信息，虽然存在 7009 个非匹配的网格，但是匹配百分比达到了 93.4%，基本能够满足模流分析的需求，无需进行修复。

⑤ 功能区→"网格"选项卡→"网格诊断"面板→"自由边诊断"，如

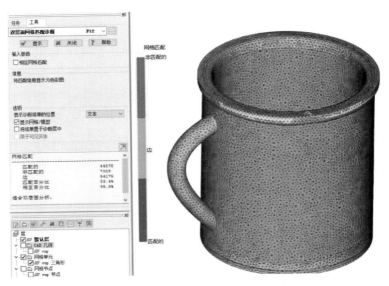

图 12-31　双层面网格匹配情况诊断

图 12-32 所示，分析之前，确保所有的单元均位于"三角形"层内。在自由边诊断对话框上，"显示诊断结果的位置"下拉框选择"显示"，勾选

图 12-32　自由边诊断

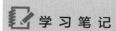

"将结果置于诊断层中",然后点击对话框首部的"显示"按钮。然后,将"显示诊断结果的位置"下拉框切换为"文本",其他设置不变,再次点击对话框首部的"显示"按钮。在软件左下侧层标签页中仅勾选诊断结果。此时软件工作区仅显示存在自由边问题的网格单元,同时左侧对话框中间以文本方式显示了自由边细节的统计结果。根据统计信息,网格中存在9个自由边的问题,需要修复,工作区显示出其中因为缺少一个三角形网格导致出现的3个自由边。

⑥ 功能区→"网格"选项卡→"网格诊断"面板→"重叠单元诊断",如图 12-33 所示,类似于前述分析步骤,分析前确保所有的单元均位于"三角形"层内,然后分别采用"显示"和"文本"的方式显示诊断结果,进行两次重叠单元诊断。此时,诊断结果同时以文本和模型显示的方式表现出来。

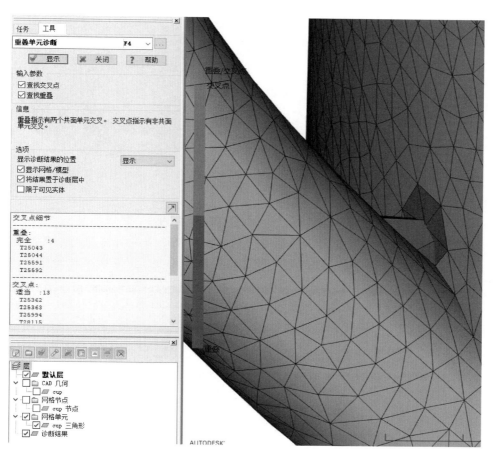

图 12-33　重叠单元及交叉点诊断

根据诊断结果,存在 4 个重叠单元和 13 个交叉点,模型区显示在水杯的把手与杯体相交的位置,因为一个单元凸起进入杯体内部,导致该处出现了重叠问题,其他重叠问题可以通过仅显示诊断结果的方式查看。重叠和交叉问题需要进行修复。

⑦ 功能区→"网格"选项卡→"网格诊断"面板→"取向诊断"，如图 12-34 所示，采用类似方法完成取向诊断，可见模型把手部分和底部存在取向不一致的单元，总计 246 个，需要修复。

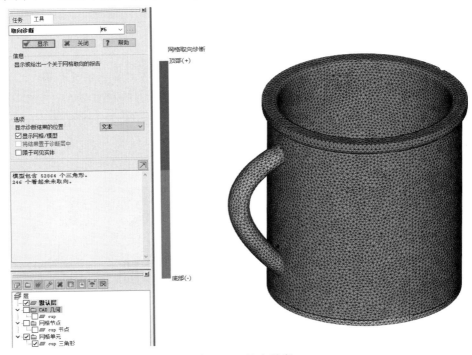

图 12-34　取向诊断

⑧ 功能区→"网格"选项卡→"网格编辑"面板→"网格修复向导"，采用 Moldflow 进行网格修复。一般可以先通过网格修复向导来进行一轮软件自动修复，这对于批量处理网格问题非常有效。如图 12-35 所示，网格修复

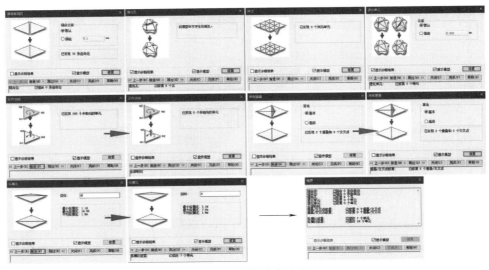

图 12-35　网格修复向导

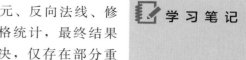

向导实际上是一个网格修复工具的合集，打开向导后，通过点击"前进"按钮，依次会出现缝合自由边、填充孔、突出、退化单元、反向法线、修复重叠、纵横比修复对话框。修复完毕后，再次运行网格统计，最终结果显示，之前存在的大部分网格问题已经通过修复向导解决，仅存在部分重叠网格问题，如图 12-36 所示。

图 12-36　网格修复向导后进行网格统计发现的问题

⑨ 功能区→"网格"选项卡→"网格编辑"面板→"重叠单元诊断"，如图 12-37 所示，通过重叠单元诊断发现其中一处网格问题位于水杯把手与杯体交叉的部位，把手部位一处网格凸入杯体网格内部导致出现交叉单元。对于该交叉单元可以通过如下方式进行手动修复。

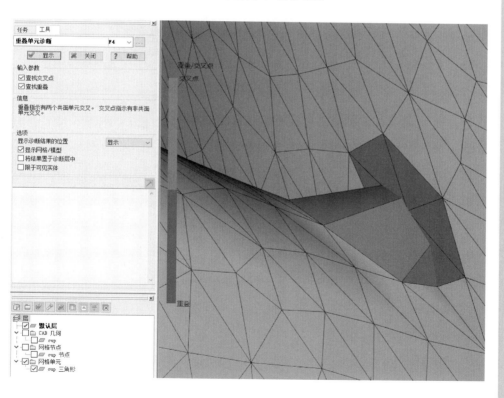

图 12-37　交叉单元

无法通过网格修复向导解决的问题一般都具有一定的特殊性，需要进行针对性的手动分析。由于前一阶段通过网格统计发现目前存在的主要问题是存在相交单元，这属于重叠问题，因此需要首先通过"重叠"命令将存在问题的网格分离出来，然后逐一手动修复。

　　鼠标左键点选凸入杯体的网格单元，可以同时按住 Ctrl 键以实现选择多个网格单元，然后删除相应的单元，如图 12-38 所示，最终会在手柄部位留下网格孔洞。

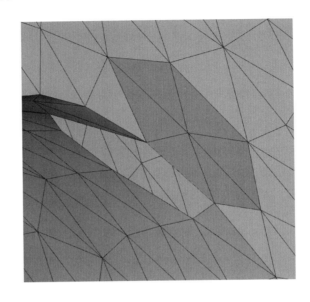

图 12-38　删除交叉单元

　　如图 12-39 所示，"Ctrl＋鼠标左键"点选位于杯体部位的 6 个单元，默认情况下单元被选择后表现为粉红色。

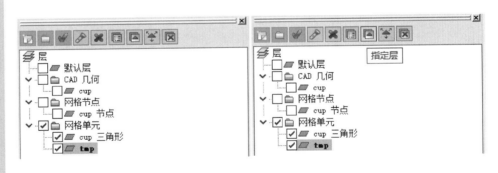

图 12-39　层操作

　　在 Moldflow 左下侧的层面板下，右键点击"网格单元"→"新建层"，命名为 tmp，之后，右键点击 tmp 层→"使激活"，使新建的 tmp 层处于被激活状态。之后在前述 6 个单元处于被选择的状态下，点击层标签上侧的"指定层"按钮，将被选的 6 个单元移入 tmp 层。最后，点击取消 tmp 层前面的"√"，此时软件窗体中该层所包含的单元会被隐藏，从而可以看到网格后面的情况。由图 12-40 可见，被隐藏的单元后面仍存在一个凸入进去的

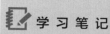

三角形网格，点选删除该单元。

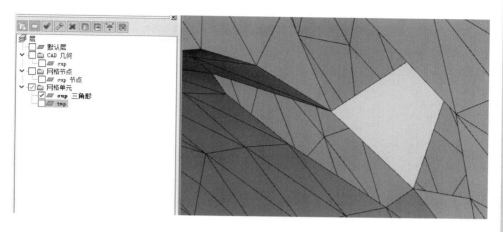

图 12-40　选择并删除深入杯体内部的网格单元

此时，导致该处网格交叉问题的所有单元都被清理干净。

在层标签中重新勾选 tmp 层，使之被显示出来。通过"菜单栏→网格标签页→网格编辑标签→高级→填充孔"调出"填充孔"对话框，如图 12-41 所示。在图 12-42 的填充孔对话框中，参考文字提示，首先选择有一条边在孔上的三角形单元，之后点击"搜索"，会自动获得孔周围的所有三角形网格单元，然后点击对话框上"应用"按钮，即可完成自动修复，最终结果如图 12-43 所示。

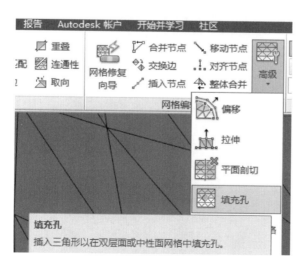

图 12-41　填充孔命令

此处只是完成了把手与水杯杯体交叉部位的一处交叉单元的手动修复，其他部位的交叉单元问题，可以采用类似的方法解决，也可以采用网格编辑部分的其他命令来实现修复。

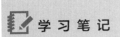

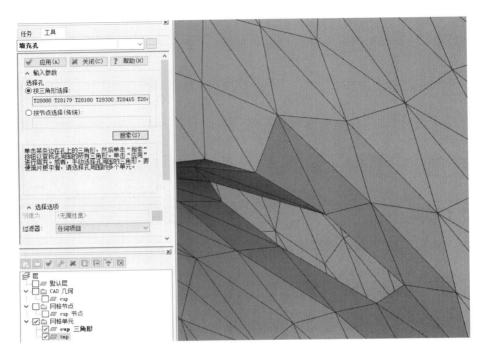

图 12-42 搜索填充孔周围单元

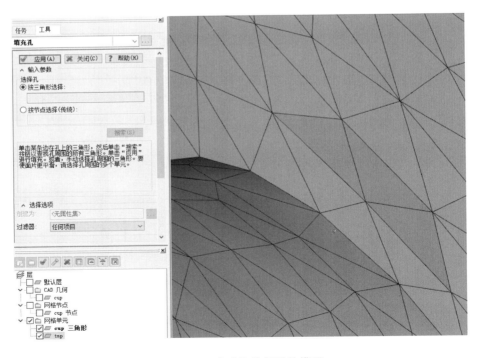

图 12-43 完成孔修复后的模型

【知识延伸】

Moldflow 使用 STL 文件格式作为模型导入格式，STL 的全称是 Stereo Lithography，最早是 3D Systems 公司开发光固化 3D 打印工艺时采用的三维文件格式，本质上就是对 CAD 模型文件的表面进行三角形化。目前 STL 文件格式是最常用的三维 CAD 文件中间交换格式之一，它采用三角形面片来对三维数字模型的表面进行近似，通过存储三角形的角点信息和角点的连结信息等，来实现对三维数字模型结构的存储。STL 文件没有曲线、曲面的概念，因此不能保留三维模型结构化、参数化的信息，特别是对于存在曲面特征的模型，很难完整保存模型的空间信息，只能通过细分三角形面片来对三维模型进行更好的近似。但是，STL 文件结构简单清晰，在 CAD 文件转化导出过程中虽然只能保留近似信息，但是结构性的错误也相对较少，并且修复也较为方便，非常适合仿真、计算等应用场景。

主流的 CAD 软件均支持导出为 STL 格式文件，并且在到处过程中支持对导出模型的精度进行设置，可以选择高精度导出，或者设置较小的三角形面片边长尺寸，从而控制 STL 文件的精度。需要注意的是，STL 文件本质上就是存储了一系列点的坐标信息和连结信息，因此如果导出精度过高，或者导出三角形面片边长尺寸设置得过小，会导致 STL 文件包含的点的坐标信息和连结信息过于庞大，造成导出的 STL 文件非常大。这个会造成后期工艺软件或者仿真软件进一步处理需要耗费较大的计算机资源，比如读取文件、划分网格、在视图中移动旋转文件都会比较吃力。因此，需要根据实际的需要来选择导出模型的精度，一般来说，中等精度的 STL 格式文件基本上就能满足大部分的应用需求了。

STL 文件包括两种类型，一种是采用 ASCII 格式的文本文件保存三角形面片信息，一种是采用二进制文件来保存三角形面片信息。ASCII 格式的 STL 文件体积要大一些，但是可以直接用文本编辑器打开，二进制的无法用文本编辑器打开，但是可以使文件更为紧凑。

学习笔记

任务十三　浇口位置分析

一、浇口位置分析

① 解压缩"GateAnalysis. zip"文件，打开 Moldflow，导入工程文件，加载工程方案。

② 修改分析类型。功能区→"主页"选项卡→"成型工艺设置"面板→"分析序列"命令，打开"选择分析序列"对话框，如图 13-1 所示，在"选

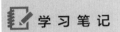

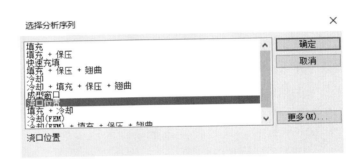

图 13-1 选择"浇口位置"分析序列

择分析序列"对话框中选择"浇口位置"选项，确定后返回，此时可以观察到"方案任务"窗格中增加了"浇口位置"的条目。

③ 塑件材料对于注塑过程会产生影响，进行浇口位置分析需要设置材料。在功能区的"成型工艺设置"面板选择"选择材料"，此时会弹出"选择材料"对话框，如图 13-2 所示。在"选择材料"对话框中点选"指定材料"，再点击"搜索..."按钮，此时会弹出"搜索条件"对话框，如图 13-3 所示。在"搜索条件"对话框中，选择"材料名称缩写"，子字符串填写"PMMA"，点击"搜索"，此时弹出能够在 Moldflow 数据库中搜索到

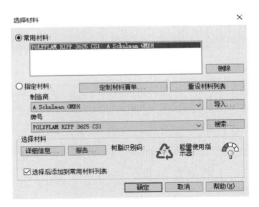

图 13-2 "选择材料"对话框

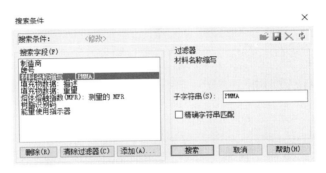

图 13-3 "搜索条件"对话框

的所有的 PMMA 材料，如图 13-4 所示。这里选择 "Chi Mei Corporation"
的 CM-205 材质，可以通过 "细节" 命令按钮打开该材料的属性对话框
（图 13-5）查看，里面包括该材质的推荐工艺参数等信息。最后，在材料搜
索结果对话框点击 "选择" 按钮，退回 "选择材料" 对话框，此时 "指定
材料" 处相关选项会更新为 CM-205 材质的数据，点击 "确定" 按钮，完成
材料选择。

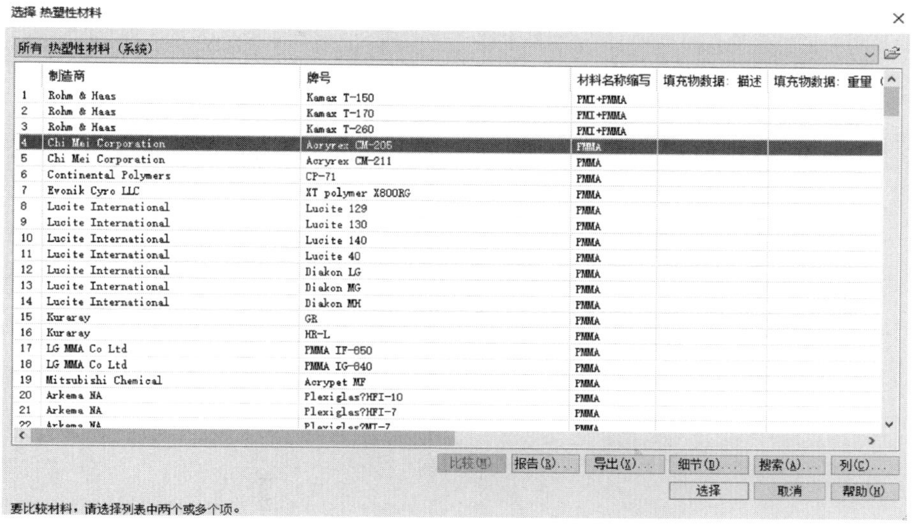

图 13-4 材料搜索结果对话框

图 13-5 材料属性对话框

④ 在功能区选择 "成型工艺设置" 面板，再点选 "工艺设置"，之后打
开 "工艺设置向导" 对话框，如图 13-6 所示。"工艺设置向导" 对话框中的
模具表面温度、熔体温度默认为当前材料的工艺推荐值，可参照图 13-5 对

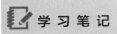

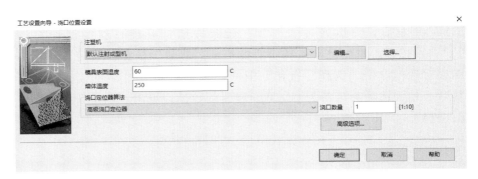

图 13-6 "工艺设置向导"对话框

比，如果更换材料，相应的值也会随着变化。此处采用默认设定，点击"确定"，退出该对话框。

⑤ 功能区→"分析"面板→"分析"命令，注意"分析"命令下方也存在下拉框，可以选择在本地分析还是通过云计算分析，这里采用本地分析即可，或者直接点击"分析"命令。在弹出的"选择分析类型"对话框（图 13-7）中保持默认设置，点击"确定"，开始浇口位置分析计算。

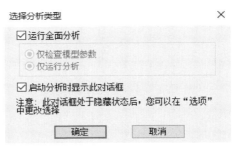

图 13-7 "选择分析类型"对话框

⑥ 分析完成后，会自动生成一个"水杯_study（浇口位置）"的方案文件，同时日志窗格会显示分析结果，如图 13-8 所示。给出推荐的浇口位置节点编号"77383"，可以通过功能区→"几何"选项卡→"实用程序"面板→"查询"命令，输入 N77383 显示该节点位置。为清晰起见，这里在N77383 节点设置为注射位置，如图 13-9 所示，可见该位置位于水杯件底面中心部位稍背向手柄方向的位置。

⑦ 在工程任务窗格中双击最初的"水杯_study"方案，在方案任务窗格中"结果"标签下会有"流动阻力指示器"和"浇口匹配性"两个条目，可以分别勾选，此时模型窗格区域会以彩色的方式依次显示模型的流动阻力分布和浇口匹配性分布，如图 13-10 所示，日志推荐的浇口位置基本上就是流动阻力最小和浇口匹配性最大的位置。通过浇口位置分析获得的浇口位置是从塑料填充的角度获得的分析结果，实际生产中，浇口位置的选择还需要考虑工艺合理性和模具方案等多种因素。比如当前水杯件，虽然计算出的最佳浇口位置位于杯底略偏离中心的位置，但是实际模具设计中还

潜在浇口位置的数量   =   26440

　　正在搜索最佳浇口位置： 10% 已完成 ....

　　正在搜索最佳浇口位置： 20% 已完成 ....

　　正在搜索最佳浇口位置： 30% 已完成 ....

　　正在搜索最佳浇口位置： 40% 已完成 ....

　　正在搜索最佳浇口位置： 50% 已完成 ....

　　正在搜索最佳浇口位置： 60% 已完成 ....

　　正在搜索最佳浇口位置： 70% 已完成 ....

　　正在搜索最佳浇口位置： 80% 已完成 ....

　　正在搜索最佳浇口位置： 90% 已完成 ....

　　正在搜索最佳浇口位置： 100% 已完成 ....

建议的浇口位置有：
　　靠近节点   =   77383

图 13-8　浇口位置分析日志

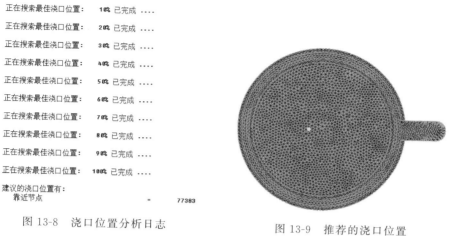

图 13-9　推荐的浇口位置

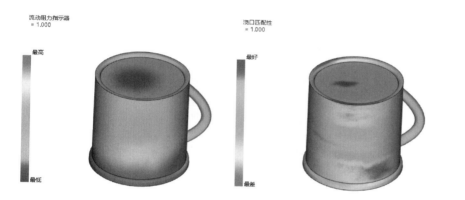

图 13-10　流动阻力和浇口匹配性

是可以选择底部中心作为注射点，此时流动阻力和浇口匹配性与计算出的最佳位置偏离不太大，而且由于对称性好，模具设计上能够更为合理。

二、浇注系统创建

① 解压缩"GateSystem.zip"文件，打开 Moldflow，导入工程文件，加载工程方案，如图 13-11 所示。

② 在软件左下侧层面板中，确认"网格节点"和"网格单元"均处于勾选状态，便于在模型窗格中选取节点。

③ 创建"浇口"层。如图 13-12 所示，在层面板中，右击顶部的"层"，新建层，命名为"浇口"，"浇口"层创建后默认为激活状态，字体加粗显示，如未激活，可右键单击"浇口"层，选择"使激活"命令，激活该层。

④ 创建点。功能区→"几何"选项卡→"实用程序"面板→"移动"下拉框→"平移"命令，弹出"平移"对话框（图 13-13）。鼠标左键点击模型窗

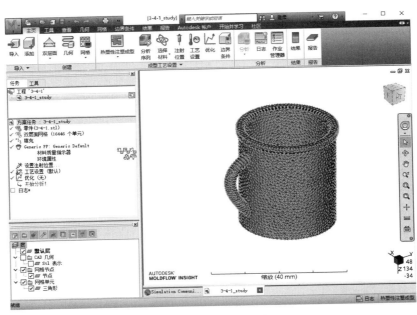

图 13-11　水杯件方案

图 13-12　创建"浇口"层

图 13-13　"平移"对话框

格中位于水杯模型底部中央的节点，此时对话框中"选择"下拉框位置会显示该节点的编号，对于当前模型也可以在下拉框中直接输入"N4037"节点。对话框中"矢量"处填写（0，0，2），注意数字之间用空格或逗号分开，这里将浇口长度设置为2mm。勾选"复制"，数量采用默认的"1"，层选项选择"复制到激活层"。完成后点击"应用"命令按钮，确认移动。

⑤ 创建浇口中心直线。功能区→"几何"选项卡→"创建"面板→"曲线"下拉框→"创建直线"命令，弹出"创建直线"对话框。对于对话框中"第一"处，左键点击水杯塑件底部中心点，即 N4037 节点；对于"第二"处，选择步骤 4 中平移出来的节点。取消勾选"自动在曲线末端创建节点"，如图 13-14 所示。

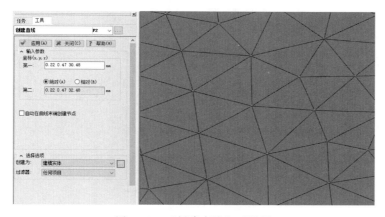

图 13-14 "创建直线"对话框

在"选择选项"栏，点击"创建为"下拉框右侧的矩形框，弹出"指定属性"对话框，如图 13-15 所示，点击"新建"下拉列表中的"冷浇口"，弹出"冷浇口"创建对话框，如图 13-16 所示，可采用默认的冷浇口参数，点击"确定"，关闭"冷浇口"对话框，然后再次点击"确定"以关闭"指定属性"对话框。最后，在"选择选项"栏，点击"创建为"下拉框选择冷浇口。点击"创建直线"对话框顶部的"应用"按钮，完成冷浇口中心直线创建，最终结果如图 13-17 所示。

图 13-15 "指定属性"对话框

图 13-16 "冷浇口"对话框

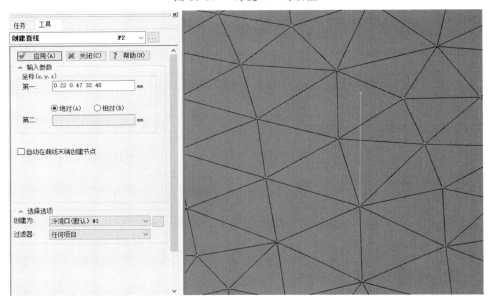

图 13-17 完成创建直线

⑥ 划分冷浇口网格。单纯的直线冷浇口无法参与计算，需要对它划分网格。

首先在层面板中，仅保留"浇口"层处于勾选和激活状态，如图 13-18 所示，此时模型窗格中仅显示之前步骤创建的冷浇口中心直线和平移出来的节点。

图 13-18 仅保留"浇口"层勾选并激活

功能区→"网格"选项卡→"生成网格"命令，打开"生成网格对话框"，如图 13-19 所示，勾选"将网格置于激活层中"，"常规"标签页中全局边长设置为 0.5mm，"曲线"标签页中勾选"使用全局网格边长"选项，点击"立即划分网格"，开始进行网格化分。图 13-20 为最终生成的浇口网格。

📝 学 习 笔 记

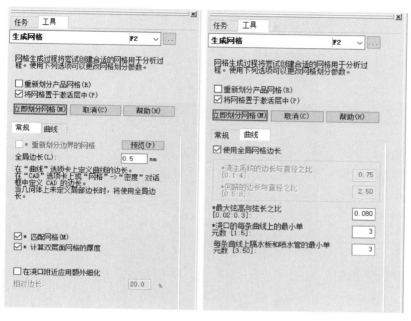

图 13-19　"生成网格"对话框

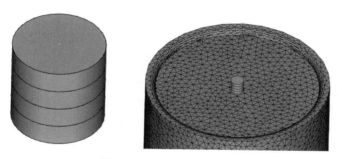

图 13-20　生成的浇口网格

⑦ 创建主流道层。当前水杯塑件采用一模一出的方式成型，流道系统比较简单，只需要创建主流道即可，这里创建 50mm 长的主流道。在层面板中，右击顶部的"层"，新建层，命名为"主流道"，"主流道"层创建后默认为激活状态，字体加粗显示，见图 13-21。如未激活，可右击"浇口"层，选择"使激活"命令，激活该层。

⑧ 创建主流道顶点。功能区→"几何"选项卡→"实用程序"面板→"移动"下拉框→"平移"命令，弹出平移对话框，如图 13-22 所示，其中"选择"下拉框参数通过点击浇口中心的网格节点选择。点击"应用"按钮创建主浇道顶部的点。

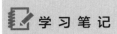

图 13-21　创建"主流道"层并激活

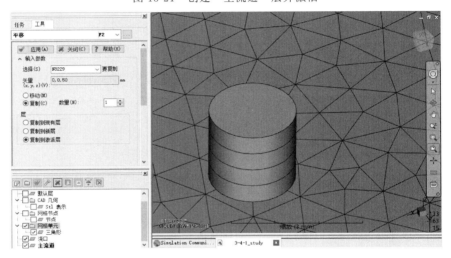

图 13-22　通过平移对话框创建主流道顶点

⑨ 创建主流道中心直线。功能区→"几何"选项卡→"创建"面板→"曲线"下拉框→"创建直线"命令，弹出创建直线对话框。对话框中第一点和第二点分别选择浇口中心顶点和步骤⑧创建出来的顶点，取消勾选"自动在曲线末端创建节点"。"选择选项"处，参考步骤⑤，新建冷主流道属性，如图 13-23～图 13-25 所示，并设置为当前的创建选项，点击"应用"，完成主流道中心直线创建，如图 13-26 所示。

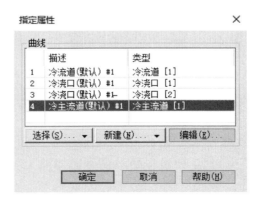

图 13-23　新建冷主流道属性

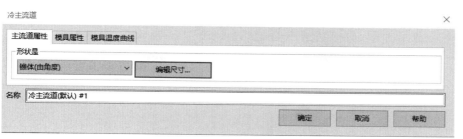

图 13-24 "冷主流道"对话框

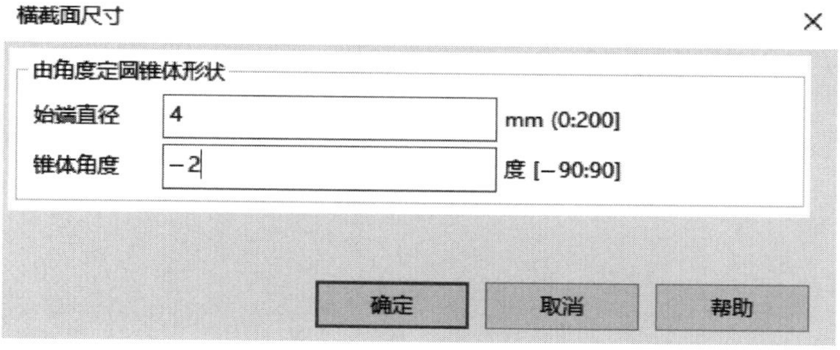

横截面尺寸

由角度定圆锥体形状

始端直径   4   mm (0:200)

锥体角度   -2   度 [-90:90]

确定   取消   帮助

图 13-25 冷主流道横截面尺寸

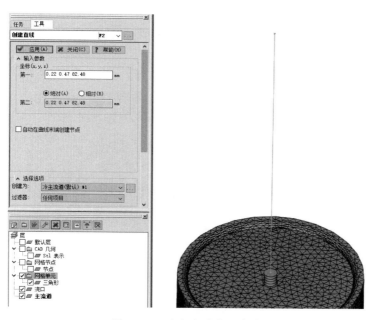

图 13-26 冷主流道中心直线

⑩ 生成主流道网格。在层面板中,仅保留"主流道"层处于勾选和激活状态,如图 13-27 所示,此时模型窗格中仅显示之前步骤创建的冷主流道中心直线和平移出来的节点。

图 13-27　仅保留"冷主流道"层勾选并激活

功能区→"网格"选项卡→"生成网格"命令，打开"生成网格对话框"，如图 13-28 所示，勾选"将网格置于激活层中"，"常规"标签页中全局边长设置为 3mm，"曲线"标签页中勾选"使用全局网格边长"，点击"立即划分网格"命令，等待网格划分完成。图 13-29 为最终生成的主流道网格。

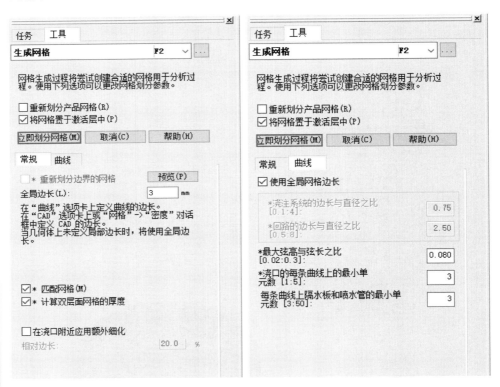

图 13-28　"生成网格"对话框

⑪ 设置注射位置。功能区→"主页"选项卡→"注射位置"命令，点击主流道顶部中心点，此时在该位置出现倒锥形的注射位置符号，如图 13-30所示。

⑫ 连通性诊断。功能区→"网格"选项卡→"网格诊断"面板→"连通

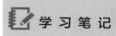

性"，选择主流道顶部的单元作为连通性检查起始单元，然后分别以"显
示"和"文本"方式显示诊断结果，如图 13-31 所示，当前网格不存在诊断
性问题，水杯塑件的浇注系统创建完成。

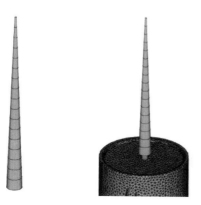

图 13-29　主流道网格

图 13-30　注射位置

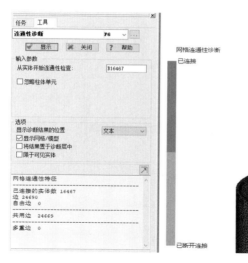

图 13-31　连通性诊断

【知识延伸】

　　浇注系统是模具中的塑料熔体通道系统，分为普通流道浇注系统和热流道
浇注系统。普通流道浇注系统由主流道、分流道、浇口和冷料穴组成；热流道
浇注系统由热喷嘴、分流板、温控箱和附件等组成，热流道浇注系统的主要特
点是注塑成型过程中没有废料产生，成型周期短，有利于生产自动化。
　　浇口是塑料熔体流进模腔内的小而窄的通道，是整个浇注系统的关键部
位。浇口形状和尺寸设计要综合考虑塑件结构、模具结构、产品规格（例如外
观、公差、同轴性）、填充材料、成型周期和加工成本等因素。浇口的位置对
前沿塑料熔体形状、保压压力效果、产品表面质量等都有重要的影响，因此浇
口的位置要尽量实现填充的平衡性，一般设置在塑件后壁处，防止壁厚部分出

学 习 笔 记

现缩痕或者缩孔；浇口如果设置在壁厚比较薄的位置，极易发生填充不满的情况。对于双浇口的设计，尽量增大两个浇口的距离，避免熔接线的产生。对于有纤维填充的塑件，浇口位置要保证能实现单向充模，避免发生翘曲等现象。

任务十四　成型窗口分析

一、设置分析序列

① 解压缩"WindowAnalysis. zip"文件，打开 Moldflow，导入工程文件，加载工程方案。

② 修改分析类型。功能区→"主页"选项卡→"成型工艺设置"面板→"分析序列"命令，打开"选择分析序列"对话框，如图 14-1 所示，在"选择分析序列"对话框中选择"成型窗口"，确定后返回，此时可以观察到"方案任务"窗格中增加了"成型窗口"的条目。

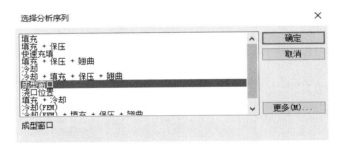

图 14-1　"选择分析序列"对话框

二、设置材料、注射位置及设备

① 功能区→"成型工艺设置"面板→"选择材料"，选择"Chi Mei Corporation"的 CM-205 材质，具体操作与前一节浇口位置分析相关操作一致，不再赘述。

② 设置注射位置。这里选择底部中心的节点作为注射位置，即节点 N76872，如图 14-2 所示。

③ 功能区→"成型工艺设置"面板→"工艺设置"，打开"工艺设置向导"对话框，如图 14-3 所示，需要注意的是选择不同的分析序列，"工

图 14-2　注射位置

艺设置向导"对话框的内容也会随之改变，因此当前工艺设置向导的内容
与之前浇口位置分析时的内容不同。

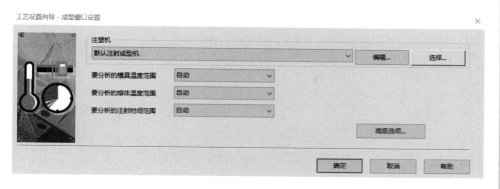

图 14-3 "工艺设置向导"对话框

在"工艺设置向导"对话框中，可以通过"编辑"命令，打开编辑注
塑机的对话框，如图 14-4 所示，可以更改注塑机行程、注塑机速率、注塑
机压力限制、最大注塑机锁模力等参数。还可以通过"选择"命令，打开
"选择注塑机"对话框，如图 14-5 所示，更换注塑机型号。

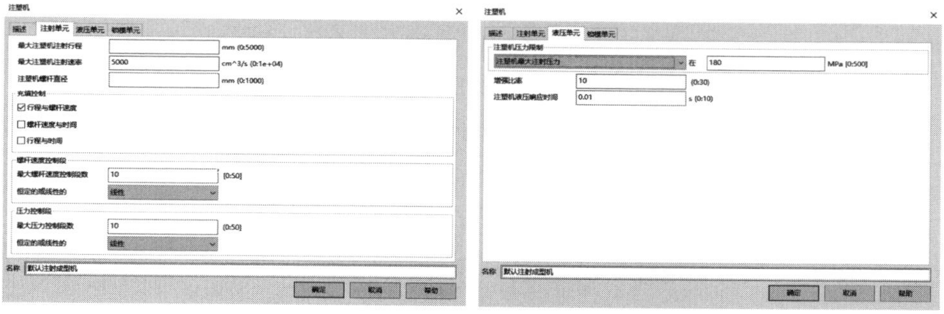

图 14-4 注塑机参数对话框

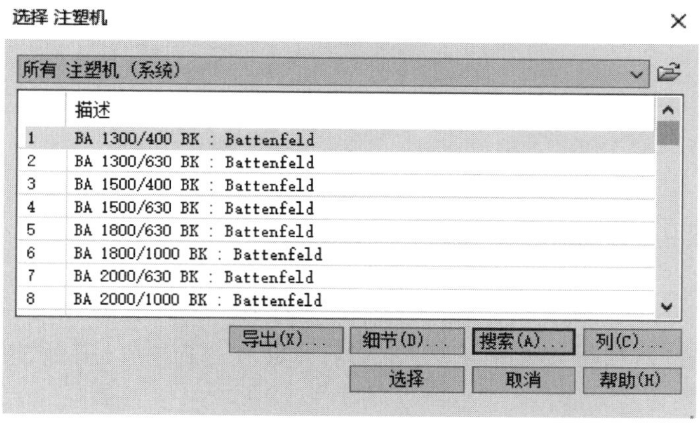

图 14-5 "选择注塑机"对话框

147

其他选项包括模具温度范围、熔体温度范围、注射时间范围默认均采用"自动"，可以点击下拉框更改为"指定"，此时右侧会出现"编辑范围"按钮，可以通过它打开编辑相应参数范围的对话框，如图 14-6 所示。

图 14-6　编辑参数范围

此外，在"工艺设置向导"对话框中还有"高级选项"命令按钮，打开后如图 14-7 所示。其中在"计算首选成型窗口的限制"栏下有"剪切应力限制"这一项，默认值为 1，一般来说成型时的剪切力不应超过材料许可的最大剪切力，这个值可以适当调整得低一些，特别是工艺性不是太好或者需要确保产品成型质量时，可以调整到 0.8 以内。其他选项一般都可采用默认值。

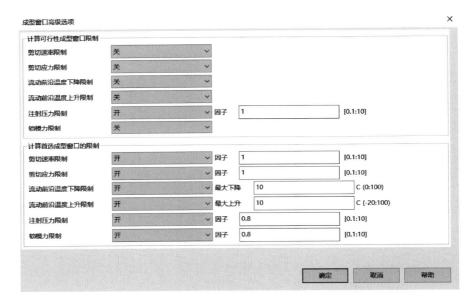

图 14-7　成型窗口高级选项

这里"工艺设置向导"全采用默认值，确认后返回。

三、仿真及结果分析

① 功能区→"分析"面板→"分析"命令。在弹出的"选择分析类型"对话框中保持默认设置，如图 14-8 所示，点击"确定"，开始浇口位置分析计算。

② 分析结束后，会弹出提示对话框，点击"确定"即可。同时，在日

学 习 笔 记

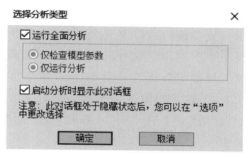

图 14-8　"选择分析类型"对话框

志窗格看到分析结果。如图 14-9 所示，通过分析，推荐的模具温度为
65℃，推荐的熔体温度为 280℃，推荐的注射时间为 0.1778s。

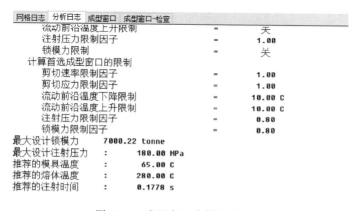

图 14-9　成型窗口分析日志记录

③ 除了日志区域给出了推荐的工艺参数设置外，在"方案任务"窗格
中"结果"→"优化"处出现一系列可选的分析结果条目，如图 14-10 所示，
勾选"质量（成型窗口）：XY 图"时，模型窗格显示在熔体温度240℃、注
射时间 0.025s 条件下，成型质量与模具温度的关系图，可以看出，随着模

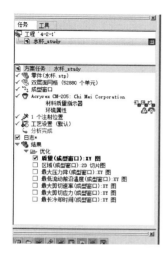
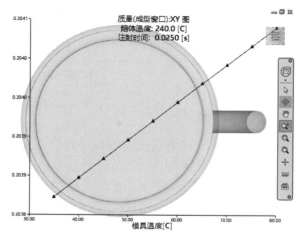

图 14-10　分析结果

具温度的升高，质量因子会随着升高。

此时，在"质量（成型窗口）：XY 图"处点击右键，如图 14-11 所示，可以从弹出的上下文菜单中选择"属性"，打开"探测解决空间-XY 图"对话框，在对话框中可以修改熔体温度、注射时间等参数，如图 14-12 所示，为注射时间调整为 1.654s 时成型质量与模具温度的关系曲线的变化。此外，还可以勾选"熔体温度"或"注射时间"，查看成型质量与熔体温度、成型质量与注射时间的关系。

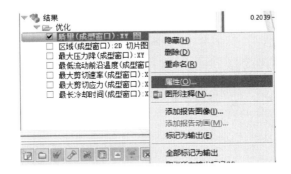

图 14-11　修改属性上下文菜单

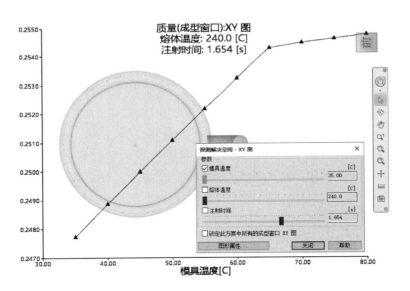

图 14-12　注射时间调整后的结果

在"方案任务"窗格中，勾选"区域（成型窗口）：2D 切片图"，此时在模型窗格中会显示熔体温度在 260℃时，成型质量与模具温度以及注射时间的关系，如图 14-13 所示。此时，图像为 260℃时的二维切片图，其中成型质量通过区域的颜色来体现，黄色区域内的点表示对应的模具温度以及注射时间基本可行，绿色区域为工艺首选的区域，而红色区域为质量较差、工艺参数不可取的区域。在当前选项下，仍然可以通过右键点击"区域

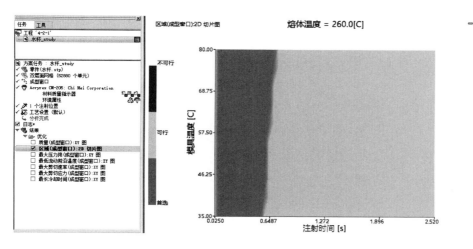

图 14-13　分析结果："区域（成型窗口）：2D 切片图"

（成型窗口）：2D 切片图"来修改当前图像的属性，更改熔体温度来考察其他的切片位置。

　　总体而言，通过成型窗口分析，Moldflow 软件不仅给出了推荐的工艺参数，还提供了丰富的考察工艺参数与成型质量关系的分析入口，为选择合理的工艺方案提供了便捷。

【知识延伸】

　　采用 Moldflow 进行成型窗口分析主要是为了获得良好的模温、料温和注射时间等工艺参数。模温、料温和注射时间是注塑成型最基础的一组工艺参数，模温、料温对于注塑过程是否能顺畅进行非常重要，同时也会影响型腔内的压力降、塑件充填过程中的温度分布以及剪切应力的大小等，而注射时间影响注塑工艺的效率，需要以最小的注射时间获得良好的塑件。在成型窗口分析中，塑件的质量实际上可以看做模温、料温和注射时间的多元函数，通过仿真分析获得最优的参数设置。

任务十五　填充分析

一、导入工程

　　① 解压缩"FillFlowCooling. zip"文件，打开 Moldflow，导入工程文件，加载工程方案。

　　② 设置分析材料。功能区→"主页"选项卡→"成型工艺设置"面板→"选择材料"命令，打开"选择材料"对话框（图 15-1），搜索材料名称缩

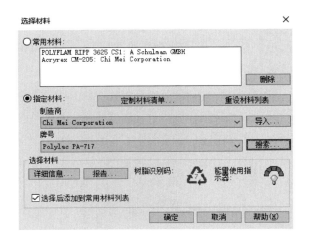

图 15-1 "选择材料"对话框

图 15-2 ABS 材料搜索结果

写为 ABS 的材料，找到相关材料的列表（图 15-2），从其中选择"Chi Mei Corporation"的"Polylac PA-717"材料作为注塑材料，确认返回。

③ 记录关键数据。填充分析工艺设置中需要用到材料和网格的一些关键参数，需要记录下来备用。

功能区→"网格"选项卡→"网格诊断"面板→"网格统计"命令，打开"网格统计"对话框，单元类型分别选择"三角形""柱体"，"显示诊断结果的位置"选择"文本"，点击"显示"，如图 15-3 所示，其中三角形网格（即：塑件网格）的体积为 4.33729cm^3，浇注系统的体积为 1.06115cm^3。

功能区→"主页"选项卡→"成型工艺设置"面板→"选择材料"命令，在打开"选择材料"对话框中，查看当前材料 PA-717 的材料属性详细信息，如图 15-4 所示，其中 pvT 属性标签页下面显示熔体密度为

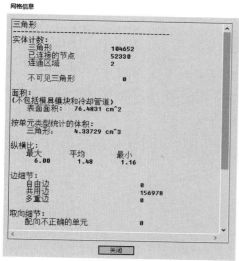 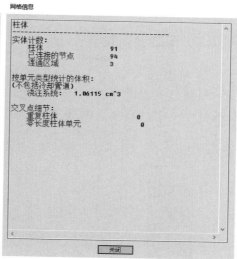

图 15-3 "三角形"网格和"柱体"网格的统计结果

$0.94933 \mathrm{g/cm}^3$，固体密度为 $1.0541 \mathrm{g/cm}^3$。

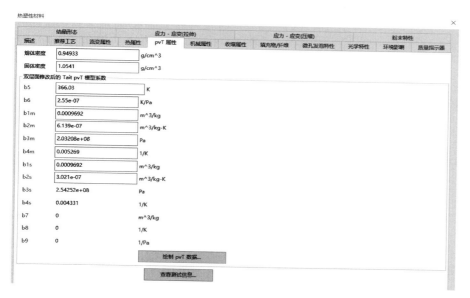

图 15-4 当前材料的材料属性详细信息

④ 选择分析序列。功能区→"主页"选项卡→"成型工艺设置"面板→"分析序列"命令，打开"选择分析序列"对话框，如图 15-5 所示，在"选

图 15-5 选择"浇口位置"分析序列

择分析序列"对话框中选择"填充"，点击"确定"后返回。

二、工艺参数设置

① 功能区→"主页"选项卡→"成型工艺设置"面板→"工艺设置"命令，打开"工艺设置向导"对话框，如图 15-6 所示。在"工艺设置向导"对话框中点击"高级选项"，弹出高级选项对话框，如图 15-7 所示。

图 15-6 "工艺设置向导"对话框

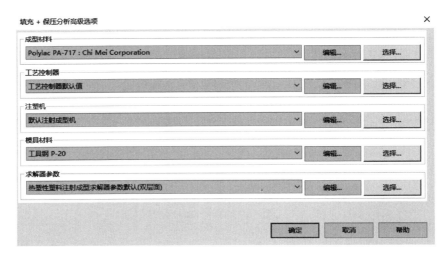

图 15-7 填充＋保压分析高级选项对话框

② 在高级选项对话框中，成型材料已经默认为之前所选的 PA-717 塑料。在注塑机一栏，点击后面的"选择"按钮，打开"选择注塑机"对话框，如图 15-8 所示，选择第 332 个注塑机作为本次成型的注塑机，实际工艺仿真中应该选择实际采用的注塑机型号或者编辑默认的注塑机参数与实际一致。如图 15-9 所示，所选的注塑机最大注塑机注射行程为 130.1mm，

最大注塑机注射速率为 $82.05cm^3/s$，能够满足当前的注塑需求。

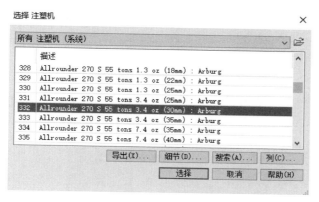

图 15-8 "选择注塑机"对话框

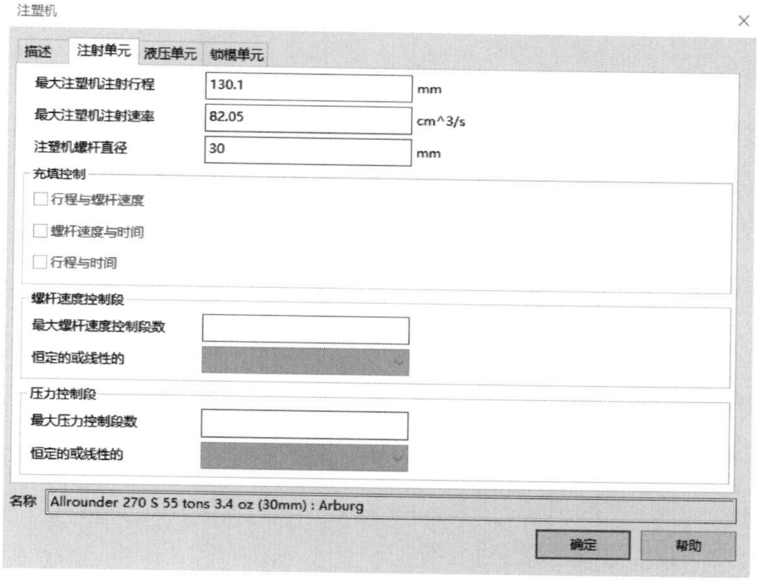

图 15-9 注塑机参数

③ 确认返回后，在图 15-7 高级选项对话框中"工艺控制器"一栏，选择"编辑"命令，打开"工艺控制器"对话框，如图 15-10 所示。在"充填

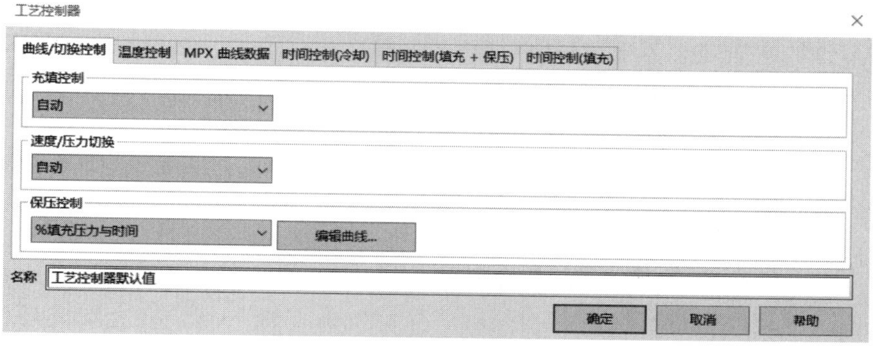

图 15-10 "工艺控制器"对话框

控制"下拉框中，修改"自动"为"相对螺杆速度曲线"，此时下拉框右侧会出现曲线编辑选项，修改曲线下拉框为"％螺杆速度与％行程"，如图 15-11 所示，之后点击"编辑曲线"命令，打开"充填控制曲线设置"对话框，如图 15-12 所示。

图 15-11　修改"工艺控制器"对话框中充填控制选项

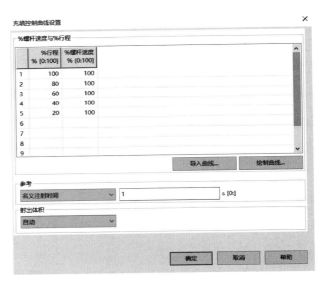

图 15-12　"充填控制曲线设置"对话框

④ 注塑过程中螺杆的行程：

$L = \{4V/[\pi(D/10)^2] \cdot (D_s/D_m)\} \cdot 10 \approx 6.23\text{mm}$，考虑补料，取 7mm

V：流道体积＋产品体积＝4.33729cm^3＋1.06115cm^3；

D：螺杆直径，35mm；

D_s：材料固态密度，1.0541g/cm^3；

D_m：材料的熔融态密度，0.94933g/cm^3。

⑤ 速度压力切换一般按照产品大小的 5％～10％来设置，这里取 0.6mm，螺杆注射阶段行程为 6mm，占 6.23mm 的 96％，在充填模具型腔的 96％时切换为保压。

⑥ 注塑过程采用多段注塑。第一阶段要完成流道和浇口系统的填充，根据体积可以计算出这一段约占总行程的 20%，即注射位置从 100% 到 80% 这段，为填充流道和浇口，这一阶段的螺杆速度一般控制在较低水平，避免喷射，这里控制为螺杆最大速度的 45%。第二阶段注射位置从 80% 到 25%，速度 80%。第三阶段从 25% 到 18%，速度 65%。第四阶段从 18% 到 14%，速度 45%，到 14% 时开始保压。如图 15-13 所示。点击"确定"。

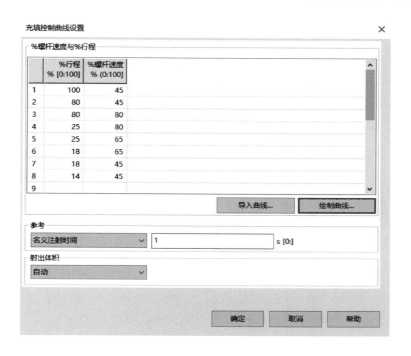

图 15-13　充填控制曲线螺杆速度控制

⑦ 在"工艺控制器"对话框中在"速度/压力切换"栏，设置为"由%充填体积"，数值为 96%，如图 15-14 所示。

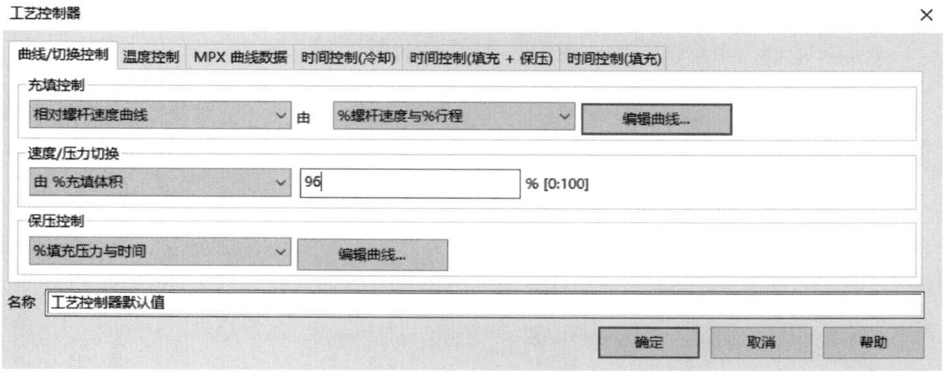

图 15-14　"工艺控制器"对话框最终参数设定

三、仿真分析及后处理

功能区→"主页"选项卡→"分析"面板→"分析"命令，弹出"选择分析类型"对话框，开始计算。

计算过程中会不断在日志区显示分析日志，如表 15-1 所示。由于 Moldflow 的模流分析计算通常都会需要很长的时间，可以在计算过程中观察这个日志输出来判断计算的进度，同时也可以观察压力和速率是不是和工艺参数预设的一致。

表 15-1　分析日志

时间 /s	体积 /%	压力 /MPa	锁模力 /t	流动速率 /cm³/s	状态
0.056	2.60	8.35	0.00	3.16	V
0.105	5.41	11.17	0.00	3.60	V
0.157	8.21	13.77	0.00	3.44	V
0.219	11.94	15.04	0.01	3.60	V
0.253	13.95	15.86	0.01	3.61	V
0.318	17.80	17.42	0.03	3.61	V
0.350	19.48	21.71	0.12	3.18	V
0.400	24.70	29.25	0.26	6.41	V
0.450	30.35	31.05	0.34	6.48	V
0.500	36.01	32.81	0.45	6.47	V
0.551	41.71	34.15	0.55	6.51	V
0.600	47.31	35.38	0.67	6.51	V
0.650	52.95	36.73	0.83	6.52	V
0.700	58.60	37.97	1.00	6.53	V
0.750	64.25	39.16	1.18	6.54	V
0.801	69.96	40.32	1.39	6.54	V
0.851	75.53	41.80	1.71	6.54	V
0.901	80.99	41.30	2.00	5.34	V
0.951	85.42	43.27	2.43	5.31	V
1.001	89.35	41.36	2.64	3.67	V
1.051	92.32	43.57	3.12	3.68	V
1.100	95.30	45.71	3.70	3.68	V
1.113	96.04	46.25	3.87	3.66	V/P
1.123	96.51	37.00	3.38	1.16	P
1.150	97.13	37.00	3.23	1.36	P
1.200	98.01	37.00	3.44	1.11	P
1.251	98.71	37.00	3.66	0.91	P
1.300	99.24	37.00	3.89	0.75	P
1.350	99.66	37.00	4.13	0.62	P
1.400	99.97	37.00	4.44	0.51	P
1.404	99.99	37.00	4.48	0.50	P
1.405	100.00	37.00	4.50	0.50	已填充

　　分析结束后，在"方案任务"窗格的"结果"目录下会出现很多分析结果选项，勾选"充填时间"，如图 15-15 所示，此时模型窗格中会以色条的方式显示充填时间的分布。由于当前分析模型采用的是对称的结构，因此两侧模腔同时完成充填，这是比较理想的结果。

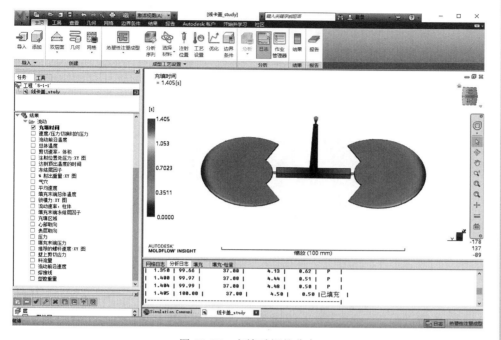

图 15-15　充填时间的分布

　　塑件压力分析结果如图 15-16 所示，型腔内塑件的压力基本上在 30MPa 以内，自浇口部分向外边缘逐渐降低。

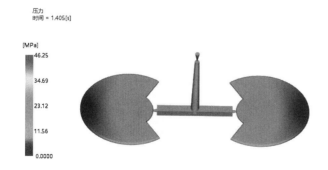

图 15-16　塑件压力分析结果图

　　熔接线分布情况如图 15-17 所示，由图可见塑件的熔接线控制良好，在中间凸起的小特征位置可能会出现熔接线，可以结合实际工艺情况通过适当提高模具和注塑温度来改善。

　　气穴分布如图 15-18 所示，类似于熔接线分布，塑件平板部分没有气穴

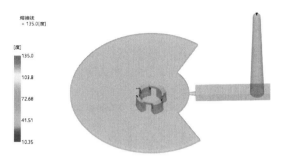

图 15-17　熔接线分布

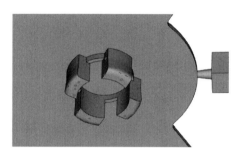

图 15-18　气穴分布

分布，只是在凸起部分有少量气穴分布。

　　流动前沿温度分布应该比较均匀才合理，如图 15-19 所示，远离浇口的位置与周围的区域存在差异，但是差别不太大。

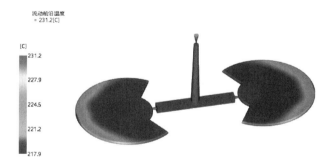

图 15-19　流动前沿温度分布

【知识延伸】

1. 填充分析的目的

　　采用 Moldflow 进行填充分析可以考察塑件在填充阶段型腔内的熔体流动情况。填充阶段从熔融态塑料注射进入浇注系统开始，到通过浇口进入塑件型腔，并一直持续到速度压力切换点，通过对这一过程进行模拟，来考察在设定的充填控制曲线下是否能够保证塑件顺利成型以及浇注系统是否存在优化空间。

对于多型腔件，需要重点关注流道平衡问题，使每个型腔都能够同时注满，获得一致的工艺性，同时还可以结合流道平衡分析，确保在各个型腔传递相等的压力。

2. 填充分析的典型工艺参数

（1）填充分析的工艺设置向导

以图 15-20 为例来说明"工艺设置向导"对话框中典型工艺参数的含义：

图 15-20　"工艺设置向导"对话框

① 模具表面温度：模具表面温度指的是塑件在型腔内与模具接触面上模具的温度。Moldflow 材料数据库中的材料会包含推荐的注塑时的模具表面温度，可以手动输入相应的值来调整。

② 熔体温度：熔化的塑料开始注入流道系统时的温度。该参数默认采用 Moldflow 材料数据库中的材料的推荐值，可以手动修改。

③ 充填控制：Moldflow 可以通过注射时间、流动速率或者使用螺杆速度曲线来控制填充过程的相关操作指令，可以通过点击下拉框中的相关选项进行切换。

④ 速度/压力切换：当塑料熔体快要充满型腔时，需要切换到压力控制，保持一定压力，控制充满型腔的速度，使冷却过程中不会因收缩等因素导致缺料。

⑤ 保压控制：保压控制包括四种类型：

a. 填充压力与时间，通过填充压力的百分比与时间的关系控制保压过程；

b. 保压压力与时间，通过注射压力与时间的关系控制保压过程；

c. 液压压力与时间，通过液压压力与时间的关系控制保压过程；

d. 最大注塑机压力与时间，通过最大压力百分比与时间的关系控制保压过程。

（2）工艺设置向导高级选项

以图 15-21 为例，"工艺设置向导"高级选项对话框中典型工艺参数如下：

① 成型材料：一般在选择材料阶段设置。

② 工艺控制器：包括各种工艺参数，例如曲线/切换控制、温度控制、时间控制等，比工艺设置向导更为详细。

③ 注塑机：分析所采用的注塑机，可以修改默认的设备参数，使其符合实际工艺情况，也可以选择 Moldflow 数据库中的已有设备。

④ 模具材料：默认为"工具钢 P-20"，可以根据实际情况修改，也可从数据库中选择其他材料。

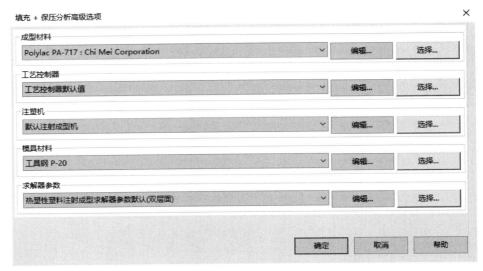

图 15-21 "工艺设置向导"高级选项对话框

<h2 align="center">任务十六 流动分析</h2>

一、载入工程

本任务以线卡盖为例，在填充分析的基础上，完成流动分析计算。

① 打开完成填充分析任务的 FillFlowCooling 工程文件，载入填充分析任务的工程方案，在工程方案窗格中右键单击该方案，在弹出的上下文菜单中选择"重复"命令，此时会在工程方案窗格中建立该方案的副本，将其重命名为"线卡盖_study（流动分析）"，然后双击该方案进行激活。这样形成的工程方案副本能够继承原方案的材料、设备、工艺方案等选项的设置，可以在此基础上增加流动分析的相关设置，不用再重复设置之前已经设置过的信息。

② 修改分析类型。功能区→"主页"选项卡→"成型工艺设置"面板

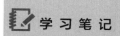

→"分析序列"命令，打开"选择分析序列"对话框（图 16-1），在其中选择"填充＋保压"，此即为流动分析所需的分析序列。点击"确定"后返回。

图 16-1 "选择分析序列"对话框

③ 设置工艺参数。功能区→"主页"选项卡→"成型工艺设置"面板→"工艺设置"命令，打开"工艺设置向导"对话框，如图 16-2 所示。对比填充分析的工艺设置向导，流动分析只是在其中增加了冷却时间选项，同时这里的保压控制不能再采用默认值，需要编辑修改默认的控制曲线。同时，充填控制、速度/压力切换等信息的设置和填充分析均一致，这里不做改动。另外，虽然增加了"冷却时间"选项，在流动分析阶段，冷却时间的控制设置为"自动"即可，不用具体设置相关参数。

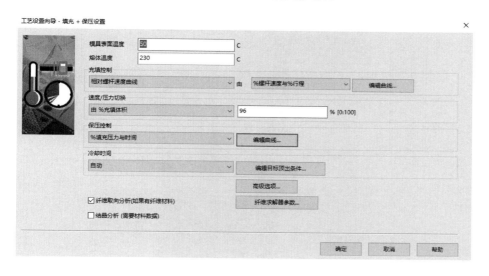

图 16-2 "工艺设置向导"对话框

修改保压控制曲线。点击"工艺设置向导"对话框中"保压控制"一栏的"编辑曲线"命令，打开"保压控制曲线设置"对话框，如图 16-3 所示。默认的曲线为恒定值，始终维持在充填压力的 80%。这里设置为三段

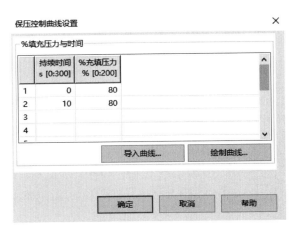

图 16-3　"保压控制曲线设置"对话框

式，第一段在充填压力的 80％保压 4s，第二段在充填压力的 60％保压 2s，第三段压力从充填压力的 60％降到 0，持续时间也为 2s。通过编辑"保压控制曲线设置"对话框列表即可实现，最终设置如图 16-4 所示。需要注意的是，对话框中时间一列为"持续时间"而不是工艺执行的时间点，因此第二段开始时持续时间要设置成 0，否则就会与预期的保压控制曲线不符。可以通过对话框中的"绘制曲线"命令查看设置好的保压控制曲线，如图 16-5 所示，如果设置的不符合预期，可以在表中修改更正。

图 16-4　保压设置

完成保压控制曲线设置后，即可确认并返回，开始准备分析计算。

二、　仿真计算与后处理分析

① 运行分析计算。功能区→"主页"选项卡→"分析"面板→"分析"命

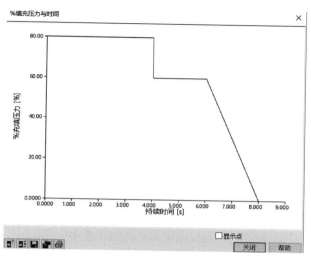

图 16-5　保压曲线

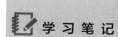

令，确认弹出的"选择分析类型"对话框，开始计算。

② 后处理。

a. 分析日志：与填充分析的日志类似，流动分析本质上是填充＋保压保压分析，在计算过程中也会不断在日志区显示分析日志，除了充填过程中"时间-体积-压力-锁模力-流动速率-状态"日志表表 16-1 外，还增加了"时间-保压-压力-锁模力-状态"日志表，见表 16-2。根据日志表的信息，保压阶段在 9.113s 时压力完全释放，锁模力在 8s 之后也降到非常低的水平，因此保压控制曲线设置基本是合理的。

表 16-1　日志表 1

时间/s	体积/%	压力/MPa	锁模力/t	流动速率/(cm³/s)	状态
0.056	2.60	8.35	0.00	3.16	V
0.105	5.41	11.17	0.00	3.60	V
0.157	8.21	13.77	0.00	3.44	V
0.219	11.94	15.04	0.01	3.60	V
0.253	13.95	15.86	0.01	3.61	V
0.318	17.80	17.42	0.03	3.61	V
0.350	19.48	21.71	0.12	3.18	V
0.400	24.70	29.25	0.26	6.41	V
0.450	30.35	31.05	0.34	6.48	V
0.500	36.01	32.81	0.45	6.47	V
0.551	41.71	34.15	0.55	6.51	V
0.600	47.31	35.38	0.67	6.51	V
0.650	52.95	36.73	0.83	6.52	V
0.700	58.60	37.97	1.00	6.53	V

时间/s	体积/%	压力/MPa	锁模力/t	流动速率/(cm³/s)	状态
0.750	64.25	39.16	1.18	6.54	V
0.801	69.96	40.32	1.39	6.54	V
0.851	75.53	41.80	1.71	6.54	V
0.901	80.99	41.30	2.00	5.34	V
0.951	85.42	43.27	2.43	5.31	V
1.001	89.35	41.36	2.64	3.67	V
1.051	92.32	43.57	3.12	3.68	V
1.100	95.30	45.71	3.70	3.68	V
1.113	96.04	46.25	3.88	3.66	V/P
1.123	96.51	37.00	3.38	1.15	P
1.150	97.13	37.00	3.23	1.36	P
1.200	98.01	37.00	3.44	1.11	P
1.251	98.71	37.00	3.67	0.91	P
1.300	99.24	37.00	3.89	0.75	P
1.351	99.67	37.00	4.14	0.62	P
1.400	99.97	37.00	4.44	0.51	P
1.404	99.99	37.00	4.49	0.50	P
1.405	100.00	37.00	4.50	0.49	已填充

表 16-2　日志表 2

时间/s	保压/%	压力/MPa	锁模力/t	状态
1.405	3.65	37.00	4.51	P
1.507	4.93	37.00	6.46	P
2.064	11.89	37.00	5.97	P
2.564	18.14	37.00	3.80	P
3.064	24.39	37.00	2.48	P
3.564	30.64	37.00	1.84	P
4.064	36.89	37.00	1.39	P
4.564	43.14	37.00	1.09	P
5.064	49.39	37.00	0.85	P
5.116	50.03	27.75	0.83	P
5.512	54.99	27.75	0.62	P
6.012	61.24	27.75	0.44	P
6.512	67.49	27.75	0.34	P
7.012	73.74	27.75	0.27	P
7.522	80.12	22.07	0.19	P
8.022	86.37	15.13	0.11	P
8.522	92.62	8.19	0.03	P
9.022	98.87	1.26	0.00	P
9.113	100.00	0.00	0.00	P
9.113	—	—	—	压力已释放

　　b. 顶出时的体积收缩率。在方案任务窗格中分析结果区勾选"顶出时的体积收缩率"，此时模型窗格中显示相应的结果。如图 16-8 所示，为更清晰地显示顶出时的体积收缩率结果，可以右键单击方案任务窗格中"顶出时的体积收缩率"条目并选择"属性"，打开"图形属性对话框"，在其中的"可选设置"选项卡中取消勾选"节点平均数"，此时体积收缩率结果中，不同颜色区域之间的边界会更加清晰。顶出时的体积收缩率是指从冷却阶段结束到塑件温度与环境参考温度一致时的局部体积减小量，其中正的数值代表收缩，负的数值代表膨胀。模流分析时，整个零件中的体积收缩率应统一，如果塑件局部存在高收缩率区域，那么相应位置就可能出现内部缩孔或缩痕。从图 16-6 来看，从浇口位置向远离浇口的位置，顶出时的体积收缩率不断增加，但是总体不严重，也没有负的体积收缩率，因此当前塑件出现内部缩孔或缩痕的可能性不大。

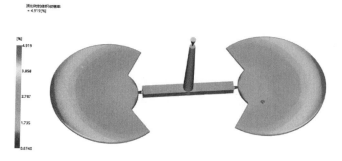

图 16-6　顶出时的体积收缩率

　　c. 缩痕估算。在方案任务窗格中分析结果区勾选"缩痕估算"，此时模型窗格中显示相应的结果，如图 16-7 所示。缩痕和缩孔类似，都是材料在较厚部位的补偿不足造成的局部收缩所引起的，但是缩痕并非内部缺陷，而是注塑件表面的凹陷。虽然这些凹陷通常非常小，但是由于光线的影响，通常看起来会比较明显，影响塑件的外观。当前塑件由于背面有环状凸起，因此表面上显示有缩痕，深度大约在 0.01mm 以内。对于当前塑件，可以考虑通过重新定位浇口或者增加浇口和流道的尺寸以及降低熔体和模具温

图 16-7　缩痕估算

度等措施予以改善。

d. 流动分析结果中也包含填充分析所获得的结果，比如充填时间、压力、熔接线等，但是由于填充分析保压部分为默认的恒定值，因此同样的分析项目，流动分析的结果会更加可靠一些，但是通常来说与填充分析的结果差别不大。

【知识延伸】

采用 Moldflow 进行流动分析，参数设置以及获得的结果和填充分析是比较类似的，在分析序列中流动分析对应的是"填充＋保压"，本质上就是在填充分析的基础上，采用保压控制曲线代替普通填充分析默认的恒压保压的设置，从而考察保压曲线是否能够确保塑件不出现明显的收缩不均匀、翘曲等问题。

流动分析也需要设置材料、注塑机，同时还需要设置填充阶段的充填控制曲线。一般来说，可以在工程任务窗格中通过复制，在已经完成填充分析的工程方案的基础上，通过改变分析序列，设置保压控制曲线，就可以进一步开展流动分析。流动分析的结果中一般也包含填充分析的结果，通常在沿用填充分析的相关参数基础上，和普通填充分析相同的结果在数值和分布上一般非常接近，但是由于增加了保压控制的设置，分析结果会更为可靠。流动分析需要重点关注相对于普通填充分析多出来的分析结果条目，比如体积收缩率、缩痕、残余应力等。

任务十七 冷却分析

一、创建冷却系统

通过线卡盖塑件冷却系统创建，掌握采用手动方式进行冷却系统设计的流程。塑件工程文件为"CoolingSystem. zip"。

（1）载入工程，设置分析序列

① 解压缩"CoolingSystem. zip"，打开 Moldflow，导入工程文件，加载工程方案。

② 修改分析类型。功能区→"主页"选项卡→"成型工艺设置"面板→"分析序列"命令，打开"选择分析序列"对话框，点击"更多"，在打开的对话框中勾选"填充＋冷却"并点击"确定"，之后在"选择分析序列"对话框中选择"填充＋冷却"，点击"确定"，如图 17-1 所示。当前工程默认的分析类型为填充分析，不需要冷却系统设计，这里修改为"填充＋冷却"，可以观察到"方案任务"窗格中增加了冷却相关的条目。

（2）创建冷却管路

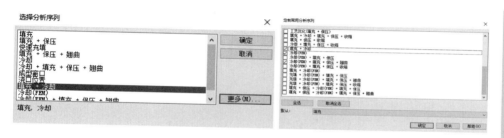

图 17-1　分析序列

① 创建"冷却系统"层。在层面板中，右击顶部"层"结点，在弹出的上下文菜单中选择"新建层"，并修改层名为"冷却系统"，如图 17-2 所示。默认情况下新建层处于激活状态，也可以通过在该层上右击，在上下文菜单中选择"使激活"来激活该层。

图 17-2　"冷却系统"层

② 创建冷却系统节点。功能区→"几何"选项卡→"节点"→"按坐标系定义节点"，如图 17-3 所示，依次输入坐标（16，−50，20）、（−4，−50，20）、（−24，−50，20）、（53，−50，20）、（73，−50，20）、（93，−50，20），然后点击"应用"，生成的点如图 17-4 所示，依次对应 1～6 点。

图 17-3　按坐标定义节点对话框

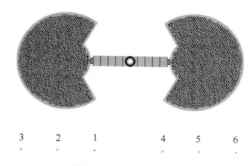

图 17-4　创建的节点

③ 功能区→"几何"选项卡→"应用程序"面板→"移动"→"平移"，打开"平移"对话框。如图 17-5 所示，在平移对话框中，"选择"处通过 Ctrl＋鼠标左键依次点击 1～6 点，矢量输入（0，−100，0），选择"复制"，数量为 1，层选项选择"复制到现有层"，点击"应用"将 1～6 点复

制到塑件对面一侧，编号依次为 7～12，如图 17-6 所示。

图 17-5 "平移"对话框（1）

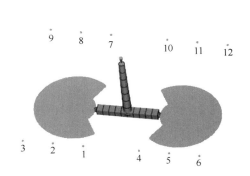

图 17-6 平移后的节点 7～12

④ 功能区→"几何"选项卡→"应用程序"面板→"移动"→"平移"，打开平移对话框。如图 17-7 所示，在平移对话框中，"选择"处通过 Ctrl＋鼠标左键依次点击点击 1～12 点，矢量输入（0，0，－45），选择"复制"，数量为 1，层选项选择"复制到现有层"，点击"应用"将 1～12 点复制到塑件下侧，编号依次为 1′～12′，如图 17-8 所示。

图 17-7 "平移"对话框（2）

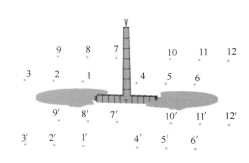

图 17-8 平移后的节点 1′～12′

⑤ 创建冷却水管中心直线。功能区→"几何"选项卡→"曲线"→"创建直线"，打开创建直线对话框。如图 17-9 所示，在创建直线对话框中，第一点和第二点分别选择步骤 5 中的 1、7 点，不勾选"自动在曲线末端创建节点"，点击"选择选项"栏"创建为"下拉列表右侧矩形框，打开"指定属性"对话框。如图 17-10 所示，在"指定属性"对话框中，"新建"→"管道"，打开管道对话框。如图 17-11 所示，在管道对话框中截面形状选择圆形，直径 10mm，热传导系数和粗糙度均设为 1，确定后返回"指定属性"对话框，保持"管道"处于被选择状态，再次确定后返回创建直线对话框。

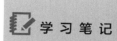

在创建直线对话框顶部点击"应用",完成第一段冷却水管中心直线创建,如图 17-12 所示。

图 17-9　"创建直线"对话框

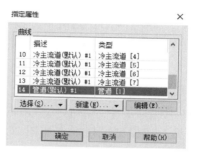

图 17-10　"指定属性"对话框

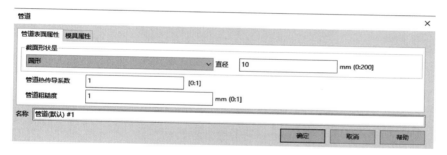

图 17-11　"管道"对话框

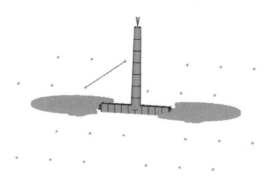

图 17-12　第一段冷却水管中心直线

⑥ 重复步骤 7,依次连接 1-7-8-2-3-9、4-10-11-5-6-12、1′-7′-8′-2′-3′-9′、4′-10′-11′-5′-6′-12′完成所有冷却水管中心直线的创建,最终结果如图 17-13 所示。

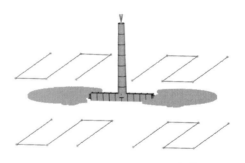

图 17-13　冷却水管中心直线

（3）划分冷却管路网格并设置冷却液入口

① 冷却管路网格划分。首先确保冷却管路处于"冷却系统"层中，如果没有，可以选择所有的管路，同时使"冷却系统"层处于激活状态，然后通过层面板的"指定层"按钮（倒数第 3 个按钮），将这些管路全部放到"冷却系统"层中。然后在层面板中仅勾选"冷却系统"层，此时只有冷却管路显示在模型窗格中，如图 17-14 所示。

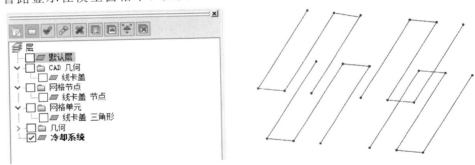

图 17-14　仅显示冷却水管

功能区→"网格"选项卡→"网格"面板→"生成网格"命令，打开"生成网格"对话框，如图 17-15 所示，在"生成网格"对话框中勾选"将网格置于激活层中"，常规选项卡中全局边长设置为 10mm，曲线选项卡中勾选"使用全局网格边长"，然后运行"立即划分网格"命令。最终生成的冷却管道网格如图 17-16 所示。

② 设置冷却液入口。功能区→"边界条件"选项卡→"冷却液入口/出口"→"冷却液入口"，打开"设置冷却液入口"对话框，如图 17-17 所示，点击"编辑"按钮更改默认冷却液属性，打开"冷却液入口"对话框，如图 17-18 所示，默认冷却液为"水（纯）"，可以通过点击"编辑"按钮，更改它的属性，如图 17-19 所示，也可以通过"选择"按钮更换为其他冷却介质，如图 17-20 所示。这里采用默认的属性不变，确认后返回"设置冷却液入口"对话框，在模型窗格中，左键点选创建冷却管路时标记的 1、4、1′、4′节点，此时会在相应位置添加一个水嘴的符号，如图 17-21 所示，至此，冷却系统管路创建完毕。

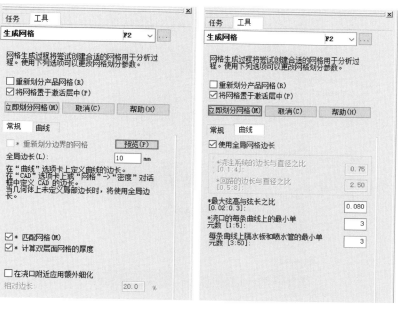

图 17-15　"生成网格"对话框

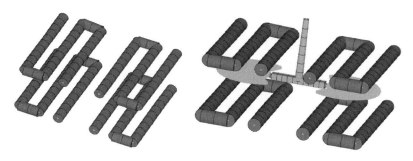

图 17-16　冷却管道网格

图 17-17　"设置冷却液入口"对话框

图 17-18　"冷却液入口"对话框

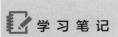

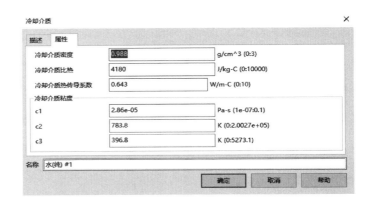

图 17-19　冷却液属性对话框

图 17-20　"选择冷却介质"对话框

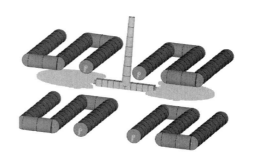

图 17-21　冷却管路

二、冷却分析

（1）载入工程文件，设置分析类型

① 打开完成流动分析任务的 FillFlowCooling 工程文件，载入流动分析任务的工程方案，之后，在工程方案窗格中右键单击该方案，在弹出的上下文菜单中选择"重复"命令，此时会在工程方案窗格中建立该方案的副本，将其重命名为"线卡盖_study（冷却分析）"，然后，双击该方案使激活。这样形成的工程方案副本能够继承原方案的材料、设备、工艺方案等

选项的设置，可以在此基础上增加流动分析的相关设置，不用再重复设置之前已经设置过的信息。

② 修改分析类型。功能区→"主页"选项卡→"成型工艺设置"面板→"分析序列"命令，打开"选择分析序列"对话框（图 17-22），分析类型选择"冷却"，点击"确定"返回。

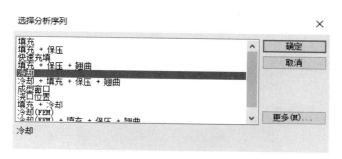

图 17-22 "选择分析序列"对话框

（2）设置冷却工艺参数

功能区→"主页"选项卡→"成型工艺设置"面板→"工艺设置"命令，打开"工艺设置向导"对话框，如图 17-23 所示。冷却分析时的工艺设置向导比较简洁，熔体温度和开模时间采用的都是材料的默认推荐值，"注射＋保压＋冷却时间"处采用自动控制时，可以通过其后的"编辑目标顶出条件"打开"目标零件顶出条件"对话框，如图 17-24 所示，软件根据模具表面温度、顶出温度、顶出温度下的最小零件冻结百分比三个指标来控制总时间，三个指标的默认值也是相应材料的默认值，可以修改这些指标改变控制效果。

图 17-23 "工艺设置向导"对话框

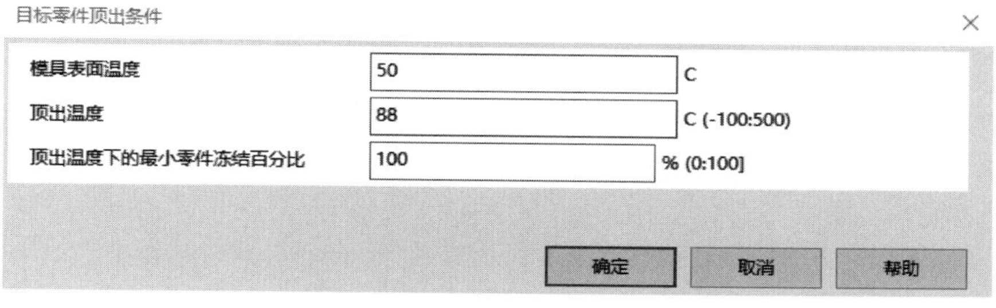

图 17-24 "目标零件顶出条件"对话框

"注射＋保压＋冷却时间"处也可改为"指定"，此时需要手动输入"注射＋保压＋冷却时间"的具体值，如图 17-25 所示。一般可以先按照自动方式进行冷却分析，根据分析结果和工艺优化的意图来设置"注射＋保压＋冷却时间"，通过"指定"的方式进一步考察效果。此处采用默认的"自动"方式控制。

图 17-25　指定注射＋保压＋冷却时间

在"工艺设置向导"对话框，通过点击"冷却求解器参数"可以打开图 17-26 所示对话框，这里主要涉及数值计算，勾选其中的"自动计算冷却时间时包含流道"选项，计算自动冷却时间时会包含流道系统。点击"确认"后返回。

图 17-26　"冷却求解器参数"对话框

在"工艺设置向导"对话框点击"高级选项"，可打开"冷却分析高级选项"对话框，如图 17-27 所示。由于该工程是复制的冷却分析的工程方

图 17-27　"冷却分析高级选项"对话框

案，因此成型材料、工艺控制器中的充填控制、速度/压力切换等选项均采用之前的设定，这里不做改动。

三、仿真分析与后处理

① 运行分析计算。功能区→"主页"选项卡→"分析"面板→"分析"命令，确认弹出的"选择分析类型"对话框，开始计算。

② 后处理。分析日志：冷却分析由于考察的角度与填充和流动分析有较大区别，因此日志表的内容也有较大改变，表 17-1 为冷却分析日志表，主要涉及计算过程中的数值处理的相关信息。

表 17-1 冷却分析日志表

外部迭代	周期时间/s	平均温度迭代/℃	平均温度偏差/℃	温度差迭代/℃	温度差偏差/℃	回路温度残余/℃
1	41.250	11	17.500000	0	0.000000	1.000000
1	41.250	14	10.625000	0	0.000000	1.000000
1	41.250	10	7.326756	0	0.000000	1.000000
1	41.250	8	4.135092	0	0.000000	1.000000
1	27.190	8	2.070938	0	0.000000	1.000000
1	16.813	10	3.267809	0	0.000000	1.000000
1	11.930	9	5.931067	0	0.000000	1.000000
1	11.930	8	3.637749	0	0.000000	1.000000
1	11.666	8	1.524229	0	0.000000	1.000000
1	13.844	9	1.106982	0	0.000000	1.000000
1	16.501	8	1.730148	0	0.000000	1.000000
1	18.453	8	3.062017	0	0.000000	1.000000
1	19.337	8	1.943274	0	0.000000	1.000000
1	19.343	6	0.394319	0	0.000000	1.000000
1	18.886	6	0.197649	0	0.000000	1.000000
1	18.348	5	0.072748	0	0.000000	1.000000
1	17.955	8	0.110408	0	0.000000	1.000000
1	17.774	6	0.141994	0	0.000000	1.000000
1	17.766	5	0.035276	0	0.000000	1.000000
1	17.851	8	0.005664	0	0.000000	1.000000
2	17.955	13	0.601316	0	0.000000	1.000000
2	18.037	5	0.031298	0	0.000000	1.000000
2	18.081	7	0.008780	0	0.000000	1.000000
3	18.091	7	0.006019	0	0.000000	0.000419
3	18.082	5	0.005864	0	0.000000	0.000419
3	18.065	5	0.008111	0	0.000000	0.000419
4	18.052	4	0.006298	0	0.000000	0.000089
4	18.044	4	0.005499	0	0.000000	0.000089
4	18.043	4	0.004296	0	0.000000	0.000089

回路冷却液温度：回路冷却液温度结果显示冷却回路内冷却液的温度分布，如图 17-28 所示。由图可见，上层冷却管道从流入到流出，温升比下层管道略高，由于模型下层中心存在少量凸起结构，而上、下层冷却管道到模型上、下层表面的距离是相同的，因此下层管道距离型腔的平面区域稍远，因此温升略低。整体上，从出口到入口，冷却液温升在 0.25℃ 以内，这是可以接受的。如果温升大于 2～3℃，冷却系统就需要重新设计。在日志区也可以看到相关的文字记录。

图 17-28　回路冷却液温度分布

➢ 零件温度：当勾选"温度，零件"选项时，可以查看整周期内的零件边界的平均温度，图 17-29 为零件上表面的温度分布，图 17-30 为零件下表面的温度分布。上表面温度大致在 33～40℃，下表面温度在 35～42℃。其中凸起部位内侧根部温度偏高，可达到近 46℃。当前结果基本符合要求，但是存在优化空间，可以通过调整冷却液温度、速度参数或者调整冷却系统管路设计来进一步降低塑件的温度分布区间。

图 17-29　上表面的零件温度分布

➢ 模具温度：当勾选"温度，模具"选项时，可以查看整个周期内零件单元的模具以及零件界面的模具侧平均温度，图 17-31 为零件上表面模具一侧的温度分布，图 17-32 为零件下表面的模具一侧的温度分布。上、下表

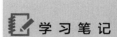

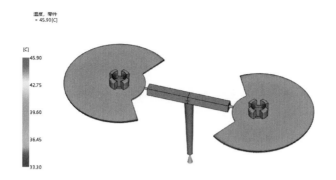

图 17-30　下表面的零件温度分布

面的温度均在 29～39℃范围，其中凸起部位底面温度偏高。对于非结晶材料，最低和最高模具温度与目标温度的差值不大于 10℃，而对于半结晶材料，应控制在 5℃以内，本例中当前计算结果基本上控制在了 10℃以内。

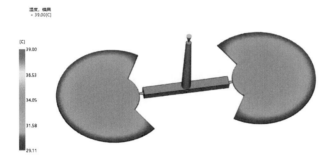

图 17-31　上表面的模具温度分布

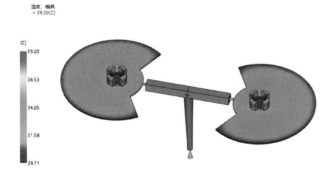

图 17-32　下表面的模具温度分布

【知识延伸】

　　浇注系统、塑件和冷却系统是注塑系统的三个主要组成部分，填充分析和流动分析关注浇注系统是否合理、塑件是否能够有效填充，冷却分析则主要考察冷却系统设计是否合理。

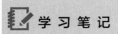

冷却系统对注塑工艺的影响主要在两方面。首先，冷却系统不合理，就会导致塑件的热量无法有效传递出去，塑件内部还可能出现热点等问题，造成收缩不均匀、翘曲等问题的出现，塑件生产出来后还会存在残余应力问题，并且表面质量也会较差；其次，冷却系统不能有效地将热量传递出去，就需要设置较长冷却的时间，这对于大批量的塑件生产会严重影响生产效率，提高注塑生产的成本。

参 考 文 献

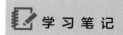

［1］　田宝善，等. 塑料注射模具设计技巧与实例［M］. 2 版. 北京：化学工业出版社，2009.

［2］　王静，等. 注射模具设计基础［M］. 北京：电子工业出版社，2013.

［3］　王爱阳. 注塑模具设计［M］. 北京：化学工业出版社，2020.

［4］　王大中，等. 注塑产品缺陷机理及解决方案100 例［M］. 北京：印刷工业出版社，2015.

［5］　钟志雄. 塑料注射成型技术［M］. 广州：广东科技出版社，2006.

［6］　王加龙，石文鹏. 塑料注塑工［M］. 北京：化学工业出版社，2006.

［7］　刘西文. 塑料注射机操作实训教程［M］. 北京：印刷工业出版社，2009.

［8］　梁明昌. 注塑成型实用技术［M］. 沈阳：辽宁科学技术出版社，2010.

［9］　陈滨楠. 塑料成型设备［M］. 北京：化学工业出版社，2007.

［10］　刘西文. 塑料注射机操作实训教程［M］. 北京：印刷工业出版社，2009.

［11］　胡凡启. 塑料注塑工［M］. 北京：中国水利水电出版社，2009.

［12］　王文广. 注塑操作工（初、中级）［M］. 广州：广东科技出版社，2008.